健康中国视野下的健康影响评价

梁小云　著

科学出版社
北　京

内 容 简 介

本书介绍了国内外健康影响评价的起源、发展和现状，提出了我国健康影响评价制度的总体框架设计。本书共五个部分，分为十章。第一部分介绍健康影响评价的来源和定义，以及在我国开展健康影响评价的意义。第二部分介绍健康影响评价的发展背景，即健康的社会决定因素和健康融入所有政策。第三部分介绍国内外健康影响评价现状，主要包括国内环境健康影响评价制度及其实施情况，健康影响评价实践的国际现状，以及泰国、美国、加拿大、澳大利亚、荷兰和德国健康影响评价的发展历程及制度建设概述。第四部分介绍了三个国际健康影响评价案例：泰国松文钾矿项目的健康影响评价、英国利物浦房屋出租许可证制度的健康影响评价，以及英国威尔士Nant-y-Gwyddon填埋场的健康影响评价。最后一部分提出了中国健康影响评价制度的总体制度框架设计，包括立法保障、政策框架和技术框架。

本书弥补了我国健康影响评价研究的空白，可以为健康相关政策的制定者、研究者提供借鉴。

图书在版编目（CIP）数据

健康中国视野下的健康影响评价 / 梁小云著. —北京：科学出版社，2020.3

ISBN 978-7-03-063329-3

Ⅰ. ①健… Ⅱ. ①梁… Ⅲ. ①环境影响-健康-评价 Ⅳ. ①X503.1

中国版本图书馆 CIP 数据核字（2019）第 255507 号

责任编辑：阚 瑞 / 责任校对：郑金红

责任印制：吴兆东 / 封面设计：迷底书装

科 学 出 版 社 出版

北京东黄城根北街 16 号

邮政编码：100717

http://www.sciencep.com

北京中石油彩色印刷有限责任公司 印刷

科学出版社发行 各地新华书店经销

*

2020 年 3 月第 一 版 开本：720 × 1000 1/16

2020 年 3 月第一次印刷 印张：8

字数：158 000

定价：99.00 元

(如有印装质量问题，我社负责调换)

序　一

我们正在为实现全民健康而努力。为此，需要实施健康治理。这就提出了健康治理体系现代化的问题。就宏观格局而言，健康治理体系现代化是我国治理体系现代化的重要组成部分；就内部体系建设而言，健康治理体系的一个基石即是健康影响评价制度。这道理很简单：只有针对健康影响因素的健康治理，才是有效的治理。

本书是探讨建构中国健康影响评价制度的重要著作，值得予以关注。

这里要稍稍解释一下“健康影响”，以及为什么强调“中国健康影响评价制度”。首先，阐释健康影响因素的理论基础是人们对健康的理解。近年来，人们把健康理解为一种社会现象，相应地，对健康影响因素的认知也纳入了社会因素，认为社会经济和政治背景等会作用于健康。所以，这里的健康影响因素主要指社会因素。其次，为什么还要强调“中国健康影响评价制度”？第一，健康的社会决定因素具有地方针对性。而在地方针对性上，中国社会的确具有自己的特色，例如生态问题、生活方式问题，等等。所以，虽然世卫组织已经提出了健康社会决定因素的框架，我们还要在借鉴它的基础上，立足于中国实际来建立自己的认知系统。第二，健康影响评价制度更是要具有中国特色。这是因为，健康影响评价制度的构成要素有三，即法律、政策与技术，与这三个要素相对应的制度构成分别是评价的法律规范、评价的行动指南和评价的技术规准，而这三者的建构都是依托于我国现有的治理体系的，因而，需要立足于这一基本点来思考健康影响评价制度的建构。简而言之，建构中国健康影响评价制度，无论在对健康影响因素的认知上，还是在制度设计上，都需要既吸纳国际经验，又扎根本土，进行创造性的努力。

本书就是这一努力的成果。具体而言，本书梳理了国外健康影响评价制度方面的典型做法和经验，以及我国在环境影响评价制度中开展健康影响评价的经验和出现的问题。提出了我国健康影响评价制度的总体框架、主要内容、制度政策、参与主体、实施策略。

梁小云老师不仅专业知识丰厚，具有国际视野，并且注重实地调查。该书对卫生政策的制定者、实施者，以及研究者，乃至相关学科师生的参考借鉴价值是毋庸置疑的。

我衷心祝贺该书的出版，并很乐意为之写序。

贡森　中国国际发展知识中心常务副主任　研究员

2019年10月

序　二

新时代改革开放把改革顶层设计放到首位，习近平总书记提出“没有全民健康，就没有全面小康”的“健康中国”战略部署，以人民为中心的发展理念深入人心。本书作为健康影响评价的专门论著，积极响应党中央“建设美丽中国”和《“健康中国 2030”规划纲要》的号召，对我国健康影响评价体系建设和评价实施都提出了富有成果的建议。同时，本书也是我国健康影响评价的科普读物，对健康影响评价制度在我国的推行起到推广作用。

《健康中国视野下的健康影响评价》是一本论据翔实、综合全面的学术著作，详尽论述了健康影响评价在我国的发展历程和现状，同时介绍了国际上健康影响评价的先进经验和成功案例，是梁小云老师多年从事健康影响评价研究的成果。我们相信这本书的出版将有助于推进我国健康影响评价研究的发展并对健康影响评价的实施有积极的指导意义，将受到学术研究者和健康管理人员的欢迎和重视。希望梁小云老师在现有的基础上，结合中国目前的实践，在这个领域内做出新的贡献。

王枞教授　郭文明副教授　北京邮电大学

2019 年 11 月

前　言

在 2016 年召开的全国卫生与健康大会上，习近平总书记指出，必须全面建立健康影响评价评估制度，系统评估各项经济社会发展规划和政策、重大工程项目对健康的影响。在《“健康中国 2030”规划纲要》中，健康影响评价制度作为实施纲要的支撑因素，明确列入“把健康融入所有政策”部分之中。实施健康影响评价服务于“以人民为中心”的发展理念，是中国绿色发展的重要抓手，是全面均衡发展的需要，同时也是产业升级、鼓励高质量企业发展的需要，是实现健康中国这一国家战略的重要工具。

自 20 世纪六七十年代起，国际上开始建立环境影响评价制度，健康影响评价制度也逐渐形成，日臻完善并广泛应用于政策、规划和项目三个层面，以系统评价它们带来的潜在健康风险，其广泛涉及环境(空气、噪声、水和废弃物等)、产业(农业、能源、矿业、旅游等)、社会(文化、社会福利等)以及城市化(发展、住房、交通等)等多个领域。中国的环境影响评价已历时 40 余年，环境影响评价的某些指标考虑了环境对人群健康的影响，一些环境影响评价相关的规章制度也涉及人群健康。但是由于缺乏相关的技术人员和方法，健康影响评价目前在国内只能用定性分析的方法简单完成。国外研究者对国际健康影响评价的形成、发展、实践及其相关制度做了很多梳理，但是国内研究者对国内外健康影响评价的系统整理较少，尤其缺少国外健康影响评价制度对于中国的借鉴意义。因此，作者在进一步强化建立健康影响评价制度重要性的基础上，总结国内外健康影响评价制度方面的典型做法和经验，基于我国具体国情，研究我国健康影响评价制度的评价框架的主要内容。

作者采用了以下研究方法：一是文献研究。总结回顾了我国环境健康影响评价制度的发展历程和现状，以及其他健康风险评价(建设项目职业病危害评价、卫生技术评估和药物安全性评价)的制度现状。同时评述国际健康影响评价的发展历程和实践经验，总结了典型国家(泰国、美国、加拿大、澳大利亚、荷兰和德国)健康影响评价的发展历程及制度建设概述。二是案例研究。基于国外案例的代表性，以及可用资料的丰富性，对以下案例进行了深入分析：泰国松文钾矿项目的健康影响评价、英国利物浦房屋出租许可证制度的健康影响评价以及英国威尔士 Nant-y-Gwyddon 填埋场的健康影响评价。这三个案例包括了项目和政策评价，也有事前评价和事后评价。三是定性访谈。访谈对象来自以下部门的官员或者学者：生态环境部、国家卫生健康委员会、交通运输部、中国疾病预防控制中心、中国环境科学研究院、北京师范大学等，以深入了解健康影响评价在国内目前的社会经济环境下是否可行以及存在的障碍，健康影响评价的开展所需要的制度保证，健康影响评价的评价主体、对象和各自的责任，以及健康影响评价和环境影响评价的关系等。

建立健康影响评价评估制度，系统评估各项经济社会发展规划、政策和项目对健康的影响，意味着要让健康成为一切工作的“先手棋”“紧箍咒”。本书则明确了可以向哪些经验学习、建立什么样的健康影响评估制度、怎么建、谁参与等问题，以希望为读者提供借鉴和参考。

感谢中国国际发展知识中心常务副主任贡森研究员和董丹丹助理研究员，中国社会科学院孟宪范高级编审，北京师范大学社会发展与公共政策学院张秀兰教授、金承刚教授、徐晓新副教授、顾林妮博士、郝传瑾硕士，中国人民大学法学院李广德博士和北京回龙观医院谷兰凌助理研究员。尤其感谢孟宪范老师和张秀兰老师，从本书的立意、成文到修改都倾注了巨大的心血。

感谢北京邮电大学王枞教授和郭文明副教授在信息技术方面对本书的关心和支持。

感谢接受访谈的多位专家，包括中国疾病预防控制中心白雪涛、王先良和么鸿雁研究员，中国环境科学研究院张金良研究员，北京师范大学环境学院程红光教授和刘希涛教授，生态环境部科技标准司环境健康管理处宛悦处长，生态环境部华南环境科学研究所张玉环研究员，生态环境部环境规划院张衍燊研究员，国家卫生健康委员会职业安全卫生研究中心(原国家安全生产监督管理总局职业安全卫生研究中心)王海椒副主任医师，交通运输部公路科学研究院奚成刚教授。

感谢泰国曼谷市博丁第一中学陈昂老师和北京师范大学教育学部硕士生Narubol Puangsarai对“泰国松文钾矿项目的健康影响评价”案例中泰语文献的翻译。

感谢国家科技基础性工作专项(2015FY111700-6)的支持。

由于作者水平有限，书中难免有不足之处，敬请读者批评指正。

目　　录

第三部分　健康影响评价国内外概况

第四部分 健康影响评价案例

第一部分　健康影响评价概述

第 1 章　概　　要

1.1　健康影响评价起源

有学者认为健康影响评价有三个来源：首先，健康影响评价是环境影响评价的一部分；其次，健康影响评价是针对健康决定因素的多部门行动的方法；最后，健康影响评价是减少健康不公平的机制[1]。

环境影响评估分析方法的盛行和健康发展观的提升促进了健康影响评价的兴起[2-4]。健康影响评价的起源可追溯到 20 世纪 80 年代末期和 90 年代早期的欧洲北部国家和澳大利亚，其时主要是为了更好地评估发展中国家的大型基础设施项目以及其他政策[5]。1983 年，世界卫生组织(World Health Organization，WHO)发布了“功能完善的供水系统对健康的积极影响”的评估流程。同时，受到“健康公共政策”(healthy public policies)运动的影响，一些环境健康评价的流程开始涉及健康问题，尤其在加拿大、中欧和东欧[5]。健康影响评价的目的是将众多复杂的健康决定因素整合进既有的“影响评估”体系，唤醒决策者关于健康与经济、社会发展相关联的意识，从而影响政策制定[6]。

健康影响评价在 20 世纪 90 年代得到快速发展。1990 年英国海外发展管理局(British Overseas Development Administration)发起了“利物浦健康影响计划”(Liverpool Health Impact Programme)。1992 年亚洲开发银行(Asian Development Bank)为健康影响评价开发了一个框架。该计划融合了环境影响评价，涉及危险辨识以及风险解读和管理。从 1993 年开始，加拿大不列颠哥伦比亚省要求向政府提交议案时附上健康影响评价报告。不久，该省的健康和老年人管理局开发出了第一个健康影响评价工具。1999 年世界卫生组织欧洲健康政策中心发布的《戈登堡共同议定书》对于健康影响评价运动意义重大，对健康影响评价做出了定义。《戈登堡共同议定书》认为健康影响评价有四种价值：民主、公平、可持续发展，以及合乎伦理地使用证据[5]。20 多年来，WHO 一直在倡导健康影响评价。2012 年联合国可持续发展大会(Rio+20)将健康影响评价作为连接健康与可持续发展的“绿色经济”和“制度框架”战略的关键方法加以讨论。1980 年创建的国际影响评价协会(International Association of Impact Assessment，IAIA)也建立了健康评价专业委员会。

由于健康影响评价植根于这些环境影响评价和社会影响评价，所以，与其他影响评价工具相比，健康影响评价无论是外观还是感觉，都有些相似之处。不过，它们之间还是存在一些区别，对此，Forsyth 等从范围、内容和结果方面总结了不同类型评估技术的关键共性和不同点[5]：健康影响评价关注人类健康，考虑的多种问题与人类健康潜在相关；环境影响评价关注对自然和建成环境、环境的可持续性、人类健康和经济等的影响；社会影响评价关注人口特征、社区和体制结构、政治和社会资源、个人和家庭变化和社区资源等。

1.2　健康影响评价定义

1999 年世界卫生组织欧洲健康政策中心发布的《戈登堡共同议定书》，对健康影响评价(health impact assessment，HIA)做出如下定义：健康影响评价是用来判断政策、计划、建设项目对人群健康潜在影响以及该影响在人群中分布状况的程序、方法和工具[7]。这一定义在国际上受到较广泛的认可。2006 年国际影响评价协会对这一定义进行修订：健康影响评价是程序、方法和工具的结合，在制定政策、实施项目或编制计划时可以据此系统地判断其对人群健康潜在的(常常是意料外的)影响，以及该影响在人群中的分布状况，同时确定应对这些影响的措施[8]。

我国健康影响评价的相关概念首次出现于 2008 年在环境保护部《环境影响评价技术导则　人体健康》(征求意见稿)中，该文将健康影响评价称为人体健康评价(human health assessment)，是在建设项目环境影响评价、区域评价和规划环境评价中用来鉴定、预测和评估拟建项目对于项目影响范围内特定人群健康影响(包括有利和不利影响)的一系列评估方法(包括定性和定量)的组合[9]。

1.3　健康影响评价和其他健康评价

健康影响评价与健康风险评价(health risk assessment，HRA，详见本书第 4 章)、健康需求评价(health needs assessment，HNA)不同。健康需求评价是对人群健康问题系统的评估方法，目的是为制定理性的需求优先顺序和资源分配提供认识前提，以促进健康和减少健康不公平[10]。健康需求评价和健康影响评价有一些不同之处，不同在于：健康需求评价关注已有的健康需求，包括已有的政策、计划和建设项目而健康影响评价主要关注未来的健康需求，包括预期的政策、计划和建设项目。

1.4　健康影响评价与实施健康中国战略的关系

1.4.1　实施健康影响评价是“以人民为中心”发展理念的具体体现

习近平总书记 2014 年 12 月 13 日到江苏镇江市丹徒区世业镇卫生院调研时对于人民健康的重要性曾明确指出：“没有全民健康，就没有全面小康。”之后，习近平总书记在十九大报告中强调了以人民为中心的发展理念。这是坚持人民主体地位这一根本原则在发展理论上的创造性运用，是对中国特色社会主义建设过程中经济社会发展的根本目的、动力、趋向等问题的科学回答。以人民为中心的发展理念内涵十分丰富，人民健康显然是其中的重要内容[11]。而在促进人民健康的努力中，健康影响评价有助于从源头上减少危害人民健康的因素，是服务于健康中国的一个操作性工具。因此，它是服务于“以人民为中心”的发展理念的，或者说，它是践行“以人民为中心”发展理念的一种努力。

1.4.2　实施健康影响评价是实现绿色发展的重要抓手

实施健康影响评价是全面均衡发展的需要。十八大报告首次专章论述生态文明，提出“推进绿色发展、循环发展、低碳发展”和“建设美丽中国”。很明显，绿色发展是建立在生态环境容量和资源承载力的约束条件下，将环境保护作为实现可持续发展重要支柱的一种新型发展模式，它是为了中华民族永续发展的带有根本意义的战略思想。

而从绿色发展战略思想出发来审视我国的现实，情况不容乐观。当前中国的发展面临不均衡不充分的问题，在不均衡方面，就存在为追求效益而牺牲环境，以及资源浪费的情况。例如，过去产业的发展往往忽视对于环境和健康的损害，多地爆出由地理环境污染导致的群体性健康损害事件[12]。据统计，2006～2010 年发生的 232 起较大环境事件中，56 起涉及人群健康损害事件，37 起群体性事件中涉及健康问题的 19 起[12]。新发展理念更加强调发展的全面性和均衡性，强调绿色发展，健康影响评价制度和环境影响评价制度可以起到鉴定危害因素、杜绝危害因素的主要作用，因而是促进相关产业绿色发展的一个制度性支点，也是一个重要抓手。

1.4.3　实施健康影响评价是助推产业升级，提高中国企业国际竞争力的需要

实施健康影响评价，建立具有国际权威性的健康评价体系和标准，有利于推动中国高质量企业的发展，提高中国企业的国际竞争力。环境影响评价制度

的实施，无疑可以防止一些建设项目对环境产生严重的不良影响，也可以通过对可行性方案的比较和筛选，把某些建设项目的环境影响减少到最小程度。在国际社会越来越重视环境保护的背景下，环境影响评价制度也越来越引起广泛的重视。同样，在WHO关于健康融入所有政策理念的推动下，在关于项目的论证中，国际社会也十分重视健康影响评价的结论[13,14]。

当前，我国的健康影响评价制度阙如。这一状况远远滞后于我国作为世界第二经济体前进的步伐。例如，中国企业在走出去时就面临环评、健康影响评价等重重压力，尤其是在东南亚等一带一路国家，当地以环评不过关、健康评价不过关为由拒绝中国企业和项目在当地实施或者运营后报废[15-17]。如印度萨桑超大火力发电厂，其2012年的贷款协议是迄今为止中国的银行向印度项目提供的最大项目资金，在建成运营后遭到关停，原因之一是空气和饮用水的污染威胁了当地人群的健康[17]。

进一步看，中国目前没有健康影响评价方面的权威制度和机构，这明显不利于中国企业和产业的发展。为此，必须尽快行动起来，建立适用于发展中国家的具有实践性的健康影响评价体系和标准，并培育具有技术标准的企业组织。

1.4.4 健康影响评价是实施健康中国战略的有力工具

在《“健康中国2030”规划纲要》中，健康影响评价制度作为实施纲要的支撑因素，明确列入“把健康融入所有政策”部分之中：“全面建立健康影响评价评估制度，系统评估各项经济社会发展规划和政策、重大工程项目对健康的影响，健全监督机制”。从2015年到2017年，从人民健康优先战略思想的提出，到制定实施相关规划，再到十九大纳入国家发展方略，健康中国从指导思想、具体规划到战略定位，经历了认识上步步深化、操作上步步落实的过程。随着2015年10月十八届五中全会的召开和全会提出的“十三五规划建议”的落地，“健康中国”正式升级为国家战略。健康影响评价不仅关注影响健康的因素，还有引导社会关注约束这些影响因素、营造实施健康中国战略良好社会环境的作用，因而在实现健康中国的这一国家战略目标上，具有重要的工具性作用。

总之，健康影响评价制度和体系建设既是推进可持续发展战略的制度工具，也是连接各项社会经济政策，将“以人民为中心”发展理念贯穿在所有政策、规划、项目中的重要措施。在新的历史条件下，推进健康影响评价制度和体系建设，有利于坚持以人民为中心，推进新发展理念的落实，从而实现在发展中持续保障和改善民生的目标。

1.5 本书的框架

本书的框架结构如下所示。

第一部分(第 1 章)介绍健康影响评价的来源和定义，健康影响评价与其他健康评价的区别，以及在我国开展健康影响评价的意义。

第二部分(第 2 章和第 3 章)介绍健康影响评价的发展背景，即健康的社会决定因素和健康融入所有政策。健康影响因素的多元性，决定了健康影响评价具有重要的战略意义。而建立健全健康影响评价制度有利于实现“健康融入所有政策”。

第三部分(第 4 章～第 6 章)介绍国内外健康影响评价现状。第 4 章介绍国内环境健康影响评价制度及其实施情况，同时通过专家访谈探究《环境污染健康影响评价规范(征求意见稿)》和《环境影响评价技术导则 人体健康》(征求意见稿)未正式发布的原因。该章还概括了国内其他健康风险评价(建设项目职业病危害评价、卫生技术评价和药物安全性评价)的现状。第 5 章和第 6 章归纳和分析了健康影响评价实践的国际现状以及对我国建立健康影响评价制度的启示，同时介绍了典型国家(泰国、美国、加拿大、澳大利亚、荷兰和德国)健康影响评价的发展历程及制度建设概述。

第四部分(第 7 章～第 9 章)介绍了三个国际健康影响评价案例。分别是第 7 章的泰国松文钾矿项目的健康影响评价，第 8 章的英国利物浦房屋出租许可证制度的健康影响评价，以及第 9 章的英国威尔士 Nant-y-Gwyddon 填埋场的健康影响评价。前两个案例均为前瞻性的健康影响评价，最后一个案例为回顾性的健康影响评价。

最后一部分提出了中国健康影响评价制度的总体制度框架设计，包括立法保障、政策框架和技术框架。

参 考 文 献

[1] Harris-Roxas B, Harris E. Differing forms, differing purposes: a typology of health impact assessment. Environmental Impact Assessment Review, 2011, 31(4): 396-403.
[2] Beecham L. All policies should be assessed for effect on health. BMJ, 1998, 316(7144): 1558.
[3] Kemm J. Health impact assessment: a tool for healthy public policy. Health Promotion International, 2001, 16(1): 79-85.
[4] Mittelmark M B. Promoting social responsibility for health: health impact assessment and healthy public policy at the community level. Health Promotion International, 2001, 16(3):

269-274.

[5] Forsyth A, Slotterback C S, Krizek K. Health impact assessment (HIA) for planners: what tools are useful? Journal of Planning Literature, 2010, 24(3): 231-245.

[6] 李潇. 健康影响评价与城市规划. 城市问题, 2014, (5): 15-21.

[7] World Health Organization. Health impact assessment: main concepts and suggested approaches - the Gothenburg consensus paper. Brussels: European Centre for Health Policy, WHO Regional Office for Europe, 1999.

[8] Quigley R, den Broeder L, Furu P, et al. Health impact assessment international best practice principles. Fargo, U.S.A.: International Association for Impact Assessment, 2006.

[9] 中华人民共和国环境保护部. 关于征求《环境影响评价技术导则 人体健康》(征求意见稿)国家环境保护标准意见的函. http: //www.zhb. gov. cn/gkml/hbb/bgth/200910/t20091022_174821. htm[2017-10-31].

[10] Health needs assessment: a practical guide. London: NICE (National Institute for Health and Clinical Excellence), 2005.

[11] 人民网. 习近平的健康观：以人民为中心，以健康为根本. http: //cpc.people. com.cn/xuexi/n1/2016/0819/c385474-28650588. html[2017-10-28].

[12] 关注环境与健康: 污染影响健康如何防范风险. 人民日报[2014-11-15].

[13] Kemm J. Health Impact Assessment: Past Achievement, Current Understanding, and Future Progress. Oxford: Oxford University Press, 2013.

[14] 马丁 · 伯利. 健康影响评价理论与实践. 徐鹤, 李天威, 王嘉炜译. 北京: 中国环境出版社, 2017.

[15] 徐鹤, 齐曼古丽 · 依里哈木, 姚荣, 等. “一带一路”战略的环境风险分析与应对策略. 中国环境管理, 2016, (2): 36-41.

[16] 佚名. 深化“一带一路”研究 加强项目环境风险管控. 环境影响评价, 2018, 40(4): 104.

[17] 地球之友(美国). 投资绿色“一带一路”？中国《绿色信贷指引》境外落实评估, 2017.

第二部分　健康影响评价发展背景

第 2 章　健康的社会决定因素

2.1　健康的社会决定因素和健康公平认识历程

自 20 世纪中叶，人们对健康的理解经历了一个逐渐深化的过程，健康概念的内涵在不断丰富。人们最初对健康的理解是“健康就是无病”，这是纯生物医学范畴的定义。比较公认的现代健康概念出自 1948 年的世界卫生组织《宪章》，其中对健康进行了较为经典的完整定义：“健康不仅是没有疾病和衰弱，而是指保持体格方面、精神方面和社会方面的完美状态。”该定义表明，除了生理方面，健康还应该包括心理健康和对社会、自然环境适应上的和谐。1978 年国际初级卫生保健大会在《阿拉木图宣言》中重申了世界卫生组织的观点，认为“健康不仅是没有疾病或者不虚弱，而是指身心健康、社会幸福的完美状态”。1990 年世界卫生组织健康概念的内涵得到了进一步发展，道德修养也被纳入到健康的范畴。

健康内涵的不断丰富是基于人们对健康影响因素认识而逐步深化的。早期人们认为生物学因素是健康的主要决定因素，后来则认识到人类的健康受到多种因素的影响和制约，如居住环境、遗传因素、收入水平、教育水平，和朋友家人的关系等。而公认的因素如卫生服务的可及性和使用则影响有限[1]。

与健康影响因素认识深化的脉络相平行的另一条认识脉络，是关于如何促进健康和健康公平的讨论。近几十年来，国际社会一直在两种观点之间游移：一是发展和依赖以技术为基础的医学和公共卫生干预；二是把健康理解为一种社会现象，受多种因素的影响，需要多部门的政策干预。随着认识的加深，后一种观点被越来越多的人所认同。1948 年世界卫生组织宪章(Constitution)提出了社会因素和政治因素对健康的影响，需要农业、教育、住房、社会福利等部门的通力合作才能提高人群的健康水平。但到了 20 世纪五六十年代，国际社会又转向强调健康的技术驱动，较少关注社会因素[2]。直到 1978 年《阿拉木图宣言》提出“人人享有卫生保健”(health for all)，再次强调了社会因素的重要性。

只要强调健康的社会影响因素，卫生公平的诉求就合乎逻辑地蕴含其中。但随着 20 世纪 80 年代以来市场经济改革的兴起，效率而不是公平成为卫生体系的目标[3]。同时一些关于社会因素对健康影响的研究大量涌现，这些研究挑战和质疑了生物医学模式，即医疗本身对促进人群健康发挥了主要作用，鲜明地提出了卫生公平问题[4,5]。其中，最著名的是英国的 Black 报告(以主要负责人 Douglas Black 爵士命名)，报告认为健康差距的减少不仅需要医疗服务的改善，更需要教育、住房和社会福利等各部门的干预[6]。

这些认识很自然地引向政策层面的反思。自 20 世纪 90 年代后期到 21 世纪初期，更多的证据显示已有的卫生政策和社会政策不能促进卫生公平[7,8]。此后，卫生公平和健康的社会决定因素被越来越多的国家所接受，并转化为政府行动，而加强卫生公平性的首要责任在于政府。

基于上述认识，世界卫生组织有了两个里程碑式的行动：一是建立相关机构，二是制订行动框架文件。世界卫生组织在 2005 年成立了“健康的社会决定因素委员会”，系统整理已有的社会决定因素，并于 2010 年发布了《健康的社会影响因素行动框架》[9]，其中社会治理、宏观经济政策、社会政策和公共政策是主要的结构性的影响因素，另外还包括个人社会经济地位(教育、职业、收入)、居住环境、工作环境、行为因素、生物因素、心理因素等(见图 2-1)，健康影响因素的多元性决定了健康影响评价具有重要战略意义。

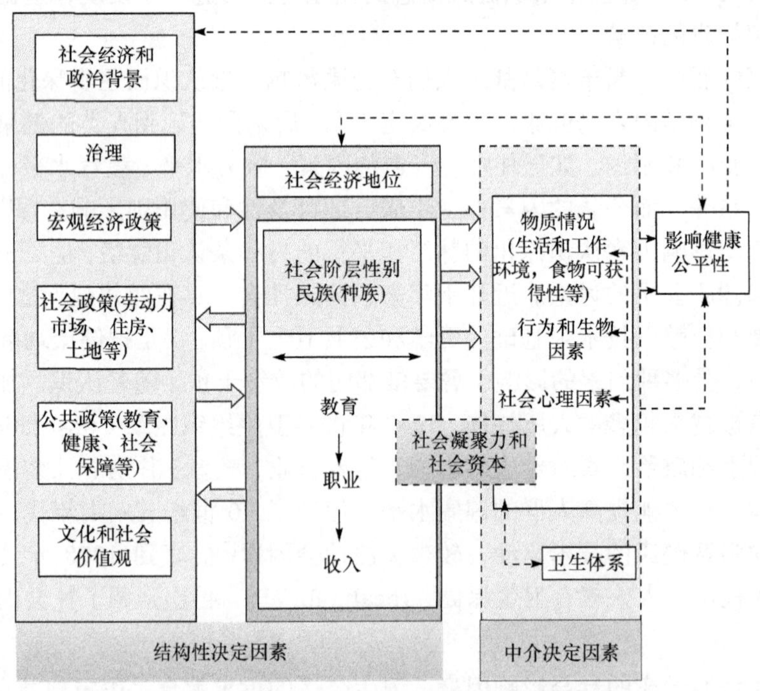

图 2-1　世界卫生组织健康的社会决定因素框架

2.2 世界卫生组织的健康社会决定因素框架

世界卫生组织定义了健康的社会决定因素，是指人们出生、成长、生活、工作和变老的环境，包括卫生体制。这些环境受到全球、所在国家和当地的金钱、权力和资源分配状况制约，并受政策选择的影响[10]。健康的社会决定因素是造成健康不公平现象的主要原因，导致了本来可以避免的国家内部以及国家之间不公平的健康状况的差异。

世界卫生组织健康的社会决定因素框架(图 2-1)包括三类因素：社会经济和政治背景、社会经济地位和中介因素[9]，前两者被称为结构性决定因素。其中，社会经济和政治背景因素作为“调节器”或者“缓冲器”影响社会经济地位对健康的作用，结构性决定因素则通过中介因素对健康产生影响。

2.2.1 社会经济和政治背景

社会经济和政治背景因素的纳入是世界卫生组织健康的社会决定因素框架不同于其他同类框架之处，指的是无法在个体水平测量的、在社会中广泛存在的因素。一般来说，社会经济和政治背景包括：治理，如公民社会参与、问责制等；宏观经济政策，如财政、金融、贸易政策等；社会政策，如劳动力、社会福利、土地、住房政策等；公共政策，如教育、医疗卫生政策等，以及文化和社会价值观。在所有的社会经济和政治背景因素中，与人群健康状况关联最强的是福利制度及其再分配政策。

在众多讨论健康决定因素的文献中，涉及政治因素的相对较少。Chung 和 Muntaner 利用欧洲、北美和亚太地区的 18 个富裕国家的数据，探索了政治因素对健康结果的影响，结果发现不同国家的福利制度解释了婴儿死亡率差异的 20%和低出生体重率差异的 10%[11]。福利制度的基本特征之一是社会保险，另外还包括义务教育和基本卫生服务提供等。在排除了经济发展水平(人均 GDP)等因素的影响后，研究发现不同国家居民的健康水平因其国家的福利制度类型而截然不同[11,12]。

2.2.2 结构性决定因素和社会经济地位

结构性决定因素(structural determinants)是指社会经济和政治背景与个体社会经济地位的交互作用。结构性决定因素是健康不公平(health inequities)的社会决定因素。在社会等级制度中人们处于不同位置，主要由社会阶层(social class)、职业、教育水平和经济状况等因素决定，称之为社会经济地位。

1. 教育、职业和收入

对个体不同人生阶段的社会经济状况分析显示，早期的社会经济地位通过影响后期的社会经济状况，如教育水平、职业和财务状况，对成年后的死亡率有显著影响[13]。

教育水平也可以作为人生早期社会经济状况的一个测量指标，教育水平通过职业和收入的中介对健康状况有显著影响[14]，而教育则通过职业这一中介变量对收入产生影响[15]。同时，通过教育获得的知识和技能会影响个体的认知功能，从而更易于接受健康教育信息，对健康状况产生影响。职业之所以作为社会经济状况的一个指标被广泛应用，是因为它决定了个体在社会中的位置，而非仅仅指对特定职业风险如有毒物质的暴露[16]。在生命历程研究中，可以把父母的职业作为儿童时期社会经济状况的代理指标。收入则通过食品、住房、医疗卫生服务、行为因素、社会参与等路径对健康产生显著影响。

在测量社会经济地位时，如果职业、教育水平和收入无法获取，可以用代理变量如生活标准指标(汽车、住房等)。

2. 社会阶层

社会阶层反映了对生产性资源(物理的、财务的、组织的)的拥有或控制程度。社会阶层是已知的最强的健康决定因素之一。但与之不相对应的是，很少有研究涉及这一因素。

3. 性别和种族/民族

对女性的歧视常常包括对女性教育权的限制和就业歧视。另外，在很多国家，女性在诸多方面受到歧视，而歧视的后果是立竿见影的而且是残酷的，导致她们比男性更多地暴露于健康风险。如在非洲撒哈拉沙漠以南地区，性胁迫、被迫早婚和经济不独立导致年轻女性的艾滋病毒感染率高于同年龄段男性[17]。

弱势种族/民族人群的健康状况常常比其他人群差，或者低于总人群的平均水平。美国非裔女性生产低出生体重孩子的可能性是白人女性的两倍，而非裔婴儿 1 岁以内死亡率也是白人的两倍[18]。

2.2.3 中介因素

健康的中介因素(intermediary determinants)是结构性因素的下游因素，包括物质环境、心理社会因素、行为因素和生物学因素等。结构性因素通过中介因素影响健康，处于较差社会经济状况人群的物质环境和健康行为也较差。

1. 物质环境

物质环境(material circumstances)包括住房、食品、工作环境等，这些都和健康风险相关。居住水准的差异可能是最重要的中介因素。住房特征，如房屋结构、冷热水的可及性、独立卫生间、冰箱、洗衣机等，反映了家庭的社会经济状况，从而影响疾病的发生，如自来水和卫生厕所的缺乏与某些传染病的发生有关[19-21]。除居住环境外，工作场所负面因素的累积对人群健康也有显著影响，尤其是暴露于工作场所的物理、化学、人体工程、生物、心理社会等危险因素时。

2. 心理社会、行为和生物学因素

心理社会环境因素包括心理社会刺激因素，如负面生活事件、工作压力、生活压力、缺少社会支持和应对能力等。压力是很多疾病的决定因素，不利的、长期的压力也是很多精神障碍的发病原因。而弱势人群会经历更多不安全、不确定性的压力事件。

行为因素包括吸烟、不健康饮食、酗酒、缺乏规律体力活动等。

生物学因素指遗传因素，年龄和性别作为生物学因素也是健康的社会决定因素。

3. 卫生体系

卫生体系可以提高人群卫生服务的可及性，但是卫生服务可及性的差异并不能完全解释健康状况的不同。

针对健康的社会决定因素和健康不公平，“健康社会决定因素委员会”的报告《用一代人时间弥合差距：针对健康社会决定因素采取行动以实现健康公平》提出了三项总体建议[22]：一是改善日常生活条件，包括公平的起步、健康的居住场所、公平的就业和体面的工作、终身的社会保障和全人群医疗卫生保障；二是解决权利、财富和资源分配不公平的问题，社会结构等更深层次的因素决定了日常生活条件方面的不公平性；三是测量和掌握当前存在的卫生不公平问题，并评估干预行动的效果，同时对相关的专业人员开展教育和培训。

参 考 文 献

[1] World Health Organization. The determinants of health. https: //www. who. int/hia/evidence/ doh/en/[2018-12-1].

[2] Brown T M, Cueto M, Fee E. The World Health Organization and the transition from “international” to “global” public health. American Journal of Public Health, 2006, 96(1): 62-72.

[3] Homedes N, Ugalde A. Why neoliberal health reforms have failed in Latin America. Health Policy, 2005, 71(1): 83-96.

[4] Szreter S. Industrialization and health. British Medical Bulletin, 2004, 69(1): 75-86.

[5] Colgrove J. The McKeown thesis: a historical controversy and its enduring influence. American Journal of Public Health, 2002, 92(5): 725-729.

[6] Gray A M. Inequalities in health. The black report: a summary and comment. International Journal of Health Services, 1982, 12(3): 349-380.

[7] Mackenbach J, Bakker M. Reducing Inequalities in Health: A European Perspective. London: Routledge, 2001.

[8] Graham H. Social determinants and their unequal distribution: clarifying policy understandings. The Milbank Quarterly, 2004, 82(1): 101-124.

[9] Solar O, Irwin A. A conceptual framework for action on social determinants of health. Social Determinants of Health Discussion Paper 2 (Policy and Practice). Geneva: WHO Document Production Services, 2010.

[10] 世界卫生组织. 健康问题社会决定因素. http://origin.who. int/social_determinants/zh/[2018-12-1].

[11] Chung H, Muntaner C. Political and welfare state determinants of infant and child health indicators: an analysis of wealthy countries. Social Science & Medicine, 2006, 63(3): 829-842.

[12] Chung H, Muntaner C. Welfare state matters: a typological multi-level analysis of wealthy countries. Health Policy, 2007, 80(2): 328-339.

[13] Vallin J, D’Souza S, Polloni A. Comparative Studies of Mortality and Morbidity: Old and New Approaches to Measurement and Analysis. Oxford: Oxford University Press, 1990.

[14] Singh-Manoux A, Clarke P, Marmot M. Multiple measures of socio-economic position and psychosocial health: proximal and distal measures. International Journal of Epidemiology, 2002, 31(6): 1192-1199.

[15] Lahelma E, Martikainen P, Laaksonen M, et al. Pathways between socioeconomic determinants of health. Journal of Epidemiology and Community Health, 2004, 58(4): 327-332.

[16] Kunst A E, Mackenbach J P. Measuring socioeconomic inequalities in health. Copenhagen: WHO Regional Office Europe, 2000.

[17] Fox S. Gender-based violence and HIV/AIDS in south Africa: organizational responses. Johannesburg: Centre for AIDS Development, Research and Evaluation (CADRE), Department of Health, South Africa, 2003.

[18] United Nations Development Programme (UNDP). Human Development Report 2005. New York: Hoechstetter Printing Co., 2005.

[19] Howden-Chapman P. Housing standards: a glossary of housing and health. Journal of Epidemiology and Community Health, 2004, 58(3): 162-168.

[20] Galobardes B, Shaw M, Lawlor D A, et al. Indicators of socioeconomic position (part 1). Journal of Epidemiology and Community Health, 2006, 60(1): 7-12.
[21] Lenz R. Jakarta kampung morbidity variations: some policy implications. Social Science & Medicine, 1988, 26(6): 641-649.
[22] World Health Organization. Closing the Gap in A Generation: Health Equity Through Action on the Social Determinants of Health. Geneva: WHO Press, 2008.

第 3 章　健康融入所有政策

3.1　健康融入所有政策的发展和现状

3.1.1　健康融入所有政策提出的背景和缘由

健康融入所有政策(health in all policies, HiAP)之所以被提出，并形成共识，主要源于健康及其不公平的决定因素是多方面的，而公共政策是影响居民健康最重要的因素。

世界卫生组织对健康的定义表明人的健康与个体因素包括遗传和生活行为方式等密切相关，另外也受到环境因素如社会环境、经济环境、政治环境等诸多外部条件的影响。因此，健康是生物医学机制作用的结果，但最终的主要决定因素是社会因素。

健康根植于社会之中，健康的社会决定因素在国际上也一直受到重视。1978 年，世界卫生组织在《阿拉木图宣言》中，就把政策重点放在保障每个居民获得基本公共服务方面，希望通过改善与健康相关的社会政策，实现“2000 年人人享有健康”(health for all in 2000)的目标。我国由乡村医生、三级卫生网和合作医疗制度构成的农村卫生体系曾被誉为“最少投入获得了最大健康收益”的“中国模式”，被纳入了《阿拉木图宣言》。在 1986 年第一届世界健康促进大会上，世界卫生组织在《渥太华宪章》中对健康促进提出了五大策略，包括：制定健康的公共政策(healthy public policy)、创造支持性环境、强化社区行动、发展个人技能和调整卫生服务方向。所提出的制定健康的公共政策，把健康问题提到了各个部门的议事日程上，使他们了解政策对人群健康的影响，从而影响政策的制定。《阿拉木图宣言》和《渥太华宪章》这两份文件为理解社会环境影响公众健康，以及良好的公共卫生需要广泛的公共政策措施这些理念铺平了道路。

世界卫生组织在 2008 年的报告指出：国家之间以及国家、地区内部，健康不公平现象普遍存在；造成健康不公平的因素除了医疗卫生服务体系不合理外，主要是个人出生、生长、生活、工作和养老的环境不公平。而决定人们日常生活环境不公平的原因是权力、金钱和资源分配的不合理，其根源是在全球、国家、地区和地方层面上广泛存在着政治、经济、社会和文化等制度性缺陷[1,2]。其他众多的研究证据亦表明，基本社会制度的不同构成要素广泛地影响了人群健康[3]。如果不能深度介入其社会制度结构，就不能有效地促进人群健康。这些社会制度所涉及的部门众多，包括教育、交通、住房、就业、农业、环境保护和社会保障等[4]。

3.1.2 健康融入所有政策的发展阶段

1. 健康融入所有政策的提出

1) 有关健康融入所有政策的政策源流的汇集:《阿拉木图宣言》和《渥太华宪章》

世界卫生组织一直在倡导将健康融入所有政策，推动多部门合作促进健康，并且通过发布有影响力的宣言、声明等方式将这一理念在世界范围推广。如世界卫生组织在 1978 年发布的《阿拉木图宣言》(见表 3-1)，确定了 2000 年人人享有初级卫生保障的目标。

表 3-1 "健康融入所有政策"相关政策文件和事件

时间	名称	地点	内容
1978 年	阿拉木图宣言	哈萨克斯坦共和国阿拉木图 WHO	初级卫生保健是实现"2000 年人人享有卫生保健"目标的关键和基本途径。
1986 年	渥太华宪章	加拿大渥太华 WHO	第一届国际健康促进会议。提出了健康促进的五点策略。
1988 年	阿德莱德"健康的公共政策"宣言 (The Adelaide Recommendations on Healthy Public Policy)	南澳大利亚州阿德莱德	第二届国际健康促进会议。所有政策领域必须考虑到健康和平等，并对健康负有责任。健康的公共政策的目的是创造支持性环境以使人们能够健康地生活。
1991 年	松兹瓦尔宣言 (Sundsvall Statement on Supportive Environments for Health)	瑞典松兹瓦尔	第三届国际健康促进会议。创造健康的支持环境。
1999 年	哥德堡健康影响评估共识 (The Gothenburg Consensus Paper on Health Impact Assessment 1999)	瑞典哥德堡	阐释了健康影响评估的主要内容，对在各个层次(国际、国家和地区)执行健康影响评估的可行方法提出建议。
2006 年	健康融入所有政策的提出	芬兰	芬兰担任欧盟轮值主席国期间提出这一理念。
2007 年	健康融入所有政策宣言 (The Declaration on Health in All Policies)	意大利罗马欧盟成员国卫生部长级代表团	强调了欧盟各国在欧盟、国家以及地方层次上加强多部门合作的方法和过程，主张健康评估有效地纳入所有公共政策的考虑之中。

续表

时间	名称	地点	内容
2008 年	报告《用一代人时间弥合差距：针对健康社会决定因素采取行动以实现健康公平》	WHO“健康社会决定因素委员会”	国家之间以及国家、地区内部，健康不公平现象普遍存在；造成健康不公平的因素除了医疗卫生服务体系不合理外，其根源是在全球、国家、地区和地方层面上广泛存在着政治、经济、社会和文化等制度性缺陷。
2010 年	阿德莱德声明 (The Adelaide Statement on Health in All Policies)	南澳大利亚州阿德莱德 WHO	健康融入所有政策国际会议声明强调，当所有部门把健康和良好的状态作为政策制定的关键因素时，政府的目标才能得到最大程度的实现。
2011 年	健康问题社会决定因素里约政治宣言	巴西里约热内卢	健康融入所有政策，形成多部门合作解决健康社会决定因素的合力，促进健康公平性和包容有效的社会系统。
2013 年	《赫尔辛基宣言》和《实施“将健康融入所有政策”的国家行动框架》	芬兰赫尔辛基	定义“健康融入所有政策”；呼吁各国重视健康的社会决定因素，为实施“将健康融入所有政策”策略提供组织和技术保障。

《宣言》明确要求，为了增进居民健康，除了卫生部门以外，还要有农业、畜牧、食品、工业、教育、住房、交通等部门及社会组织的共同协作。例如，无论是发达国家还是中低收入国家，当今世界被心血管疾病及其他慢性病的流行所困扰已是一个不争的事实。由于认识到影响慢病的社会决定因素遍及生活的每一个角落，仅仅依靠卫生部门是无法有效遏制的，商业贸易、食品、药品、农业、城市发展、税收等相关部门应当出台更有针对性的、更加行之有效的公共政策予以控制。之后 1986 年的《渥太华宪章》进一步为慢性病的防治、健康促进的实践提供了视野更为开阔的策略和框架。

这种为世界卫生组织所倡导的、关于健康增进需要一个多元政策支持系统的认识不断丰富，汇集成“政策源流”。在这一背景下，芬兰卫生部门率先提出并发展了健康融入所有政策的理念。

2) 2006 年健康融入所有政策策略和措施的提出

2006 年，在芬兰担任欧盟轮值主席国期间，芬兰的卫生部门提出并发展了“健康融入所有政策”的概念，并将其作为轮值主席国期间主要的公共卫生议题[5]。健康融入所有政策的原理非常简单：健康受到生活方式和环境的巨大影响，例如，人群如何生活、工作、饮食、活动以及如何休闲等均影响到自身的健康。因此，人群健康不仅与卫生服务的提供或者“卫生政策”相关，其他领域相当多的政策也决定着人群健康。芬兰卫生部门认为，欧盟及其成员国在制定卫生以外的政策时，很少考虑其健康影响[5]。因此，借助作为欧盟轮值国主席的机会，芬兰探索并推出了健康融入所有政策的策略和措施。

2. 共识的形成：改善健康及其公平性，须把健康融入所有政策中

1) 2007 年欧盟《健康融入所有政策宣言》

2007 年 12 月，芬兰在欧盟提出健康融入所有政策的第二年，以“健康融入所有政策：成就和挑战”为主题的欧盟会议在意大利罗马召开，欧盟 27 个成员国的卫生部长级代表团参加了这次会议。会议发表了《健康融入所有政策宣言》。宣言强调了欧盟各国在欧盟、国家以及地方层次上加强多部门合作的方法和路径，以求健康评估可以有效地纳入所有公共政策之中。

2) 世界卫生组织的认同:《2010 阿德莱德声明》

2010 年 4 月，在南澳大利亚阿德莱德，由世界卫生组织和南澳政府共同主办的“健康融入所有政策”的国际会议上，来自不同国家各个部门的 100 位资深专家，共同讨论实施健康融于各项政策的方案，并发表了《2010 阿德莱德声明》。该声明旨在联合地方、区域、国家和国际不同管辖层次的领导者与决策者共同参与“健康融入所有政策”的实践之中。声明概述了一个新的管理框架，该框架是对在所有部门间建立新的社会契约，以促进人类的发展、可持续性、公平性，以及提高健康产出需要的回应；提出了将健康融入所有政策的方法，包括：明晰的授权让整合型政府(joined-up government，指提供领导、授权、激励、预算承诺和可持续机制，支持不同的政府部门协同合作，以找到综合的解决方案)成为必要，考虑跨部门间的影响和各种利益间的调解，要有问责制、透明度和分担机制，非政府的利益相关者的参与，以及有效的跨部门激励以求建立合作关系与信任。同时，为了更好地把健康融合于各项政策，卫生部门必须学习与其他部门合作，共同开展政策创新、探索新型方法、机制和更好的管理结构。为此，需要一个具有必要知识、技能和授权的外向型卫生部门，同时也需要提高卫生部门内部协调和处理问题的能力[6]。

健康融入所有政策的概念提出以后，国际社会倡导从全球、国家、地区以及地方层面做出高度的政治承诺，采取“将健康融入各项公共政策”的策略，建立跨部门的合作机制，动员社会组织和居民广泛参与，改善人们的日常生活和工作环境，从法律、政策和规划等各个方面采取行动，逐步弥合健康差距。

3) 健康融入所有政策成为2013年第八届世界健康促进大会的主题

"将健康融入所有政策"成为2013年6月在芬兰赫尔辛基召开的第八届世界健康促进大会的主题。会议审议通过了《赫尔辛基宣言》和《实施"将健康融入所有政策"的国家行动框架》，呼吁各国重视健康的社会决定因素，为实施"将健康融入所有政策"策略提供组织和技术保障。《赫尔辛基宣言》将"健康融入所有政策"定义为一种跨部门的公共政策制定方法，它全面地考虑这些公共政策对人群健康和卫生体系的影响，寻求部门间协作，避免政策对健康造成不利影响，目的是促进人群健康和健康公平[7]。

总体来看，自2006年健康融入所有政策的理念提出后，"将健康融入所有政策"通过多个国际大会及宣言在众多国家逐步取得共识[6,8]。国际、国家、区域、地方等不同管辖层次的领导者、决策者和专家呼吁各国重视健康的社会决定因素，为实施"将健康融入所有政策"策略提供组织和技术保障[1,9]。

2006年芬兰在欧盟提出了健康融入所有政策的主张后，健康融入所有政策经历了两部曲：第一，2007年，欧盟通过了《健康融入所有政策宣言》，表明该主张被欧盟正式接受；第二，以2010年世界卫生组织的《2010阿德莱德声明》为标志，健康融入所有政策成为世界卫生组织面向世界的倡导政策。值得强调的是，在《2010阿德莱德声明》中，世界卫生组织对健康融入所有政策的实施，提出了一个完整的管理框架。该框架明确，为了健康促进和健康公平、可持续，要在所有部门间建立新的社会契约，提出了将健康融于各项政策的方法，包括明晰的授权、政府的合作、跨部门间的协调、问责制、透明度和分担机制，以及参与、激励机制等；而对于卫生部门，则要成为学习型的、外向型的部门，要学习和各方的合作。这就使健康融入所有政策更具有操作性，更便于在各国推行。

3.2 健康融入所有政策在中国的发展

3.2.1 健康融入所有政策策略在我国的意义

现代医学社会学认识到，影响人群健康的重要因素是复杂的社会因素和社会政策。长期以来，无论从全球还是从国家或地区层面上看，基于政治、经济、社会和文化等方面制度性缺陷造成的资源分配不合理，对人们健康水平及其公平性都产生了不利影响，而由于这些因素广泛地分布在社会的各个领域，因此，为了增进人们的健康，我们必须采取将健康融入所有政策的策略。

国内外的实践表明，只有政策制定者站在全球、国家和地区发展的战略高度，切实采取将健康融入所有政策的策略，建立跨部门的合作机制，从法律、政策、规划和机制等各个方面采取行动，通过稳定的就业机会、优良的教育、健康的食品药品、安全的交通、良好的自然环境以及宜居的住宅等来改善人们的日常生活和工作环境，才能提高人群的健康水平，并不断缩小不同地区和人群之间的健康差距。

一方面，我国粗放型经济发展和社会转型已经造成人群严重的健康问题；另一方面，健康公平、极大地提高人们的健康水平这一健康中国梦，又是中国梦的重要内容。因此，为了实现中国梦，我们需要立即行动起来，将健康融入所有政策这一理念落实到工作中，以实现健康中国的发展目标，切实促进人群的身心健康和健康公平。

3.2.2 健康融入所有政策已成为国家新时期卫生工作方针的重要组成部分

习近平总书记在 2016 年 8 月全国卫生与健康大会上强调："要坚持正确的卫生与健康工作方针，以基层为重点，以改革创新为动力，预防为主，中西医并重，将健康融入所有政策，人民共建共享。"明确提出了"将健康融入所有政策"作为国家新时期卫生与健康工作方针的重要内容。

中国的卫生工作方针自新中国成立以来，根据国家社会经济发展的不同阶段，经历了数次变革：从 1952 年的"面向工农兵，预防为主，团结中西医，卫生工作与群众运动相结合"，到 1991 年修改为"贯彻预防为主，依靠科技进步，动员全社会参与，中西医并重，为人民健康服务"，再到 1997 年的"以农村为重点，预防为主，中西医并重，依靠科技和教育，动员全社会参与，为人民健康服务，为社会主义现代化建设服务"。2016 年新的卫生和健康工作方针将人群健康保障工作从单纯的医疗卫生领域扩展为"大卫生""大健康""健康融入所有政策"理念，医疗卫生体制改革、环境保护、食品安全、住房、体育等多行业协调发展，促进人群健康。

3.3 健康融入所有政策典型案例分析和启示

3.3.1 芬兰的"北卡雷利阿项目"

1. 项目概况介绍

1) 项目背景

芬兰地处欧洲北部，国土面积 33.7 万平方公里，人口 461 万(1970 年)，全国有 11 个省，460 个社区。在 20 世纪 50 年代到 70 年代早期，芬兰心血管疾病(尤其是冠心病)的死亡率很高，高于其他欧洲国家[10]。心血管疾病的增长引起了人们对如何控制此类慢性非传染性疾病的注意。恰在此时，七国研究(seven countries study)关于血清胆固醇与心血管疾病关系的结果引起芬兰相关人士的注意。芬兰参与了一项 1958 年开始的心血管疾病研究，由芬兰、希腊、意大利、日本、荷兰、美国和南斯拉夫等七国组成，大约一万名 40～59 岁男性参与。研究结果显示，血清胆固醇是冠心病死亡的高危险因素，而血清胆固醇水平的变化取决于膳食饱和脂肪摄入的数量和质量的变化[11]。芬兰人血清胆固醇含量非常高，尤其是东部地区，这与芬兰人的饮食习惯密切相关[12]。与此同时，在美国一些前瞻性研究开始探索冠心病的危险因素，最著名的是弗明汉心脏病研究(Framingham heart study)，也发现了冠心病的一些风险因素[13,14]。七国研究及弗明汉心脏病研究的结果引起了芬兰公共卫生决策者和研究人员对人群危险因素的关注。芬兰的科研人员、医学专家和决策者经过仔细研究，认识到仅仅依靠建医院来治疗不断增多的心血管疾病患者是不够的，还需要实施干预措施，以持续地改善人群健康状况。

北卡雷利阿(North Karelia)位于芬兰东部，东临俄罗斯，以农业为主，人口约 18 万(1972 年)。北卡雷利阿地区人群心血管疾病的发病率、死亡率在芬兰居首位，尤其是中年男性[10]。有鉴于此，当地居民代表(其中包含一些政治家和民间团体领导人)向芬兰政府递交了请愿书，寻求解决心血管疾病这一高疾病负担的方法[15]。为了寻找防治慢性病的对策，1971 年芬兰心脏协会(Finnish Heart Association)在世界卫生组织专家委员会的技术援助下，确定第二年在北卡雷利阿实施试点项目[15]。这是一个以实施和评估心血管疾病的预防性干预为目的的为期 5 年(1972～1977 年)的综合干预项目，即北卡雷利阿项目(North Karelia Project)。项目一开始主要针对心血管疾病进行干预，之后逐渐扩展到其他非传染性疾病。项目实施 5 年后，该地居民的行为和风险因素有了很大的改变，干预项目随后作为全国性示范项目在全芬兰进行推广。

2) 干预目标和原则

北卡雷利阿项目的过渡目标(intermediate objectives)是降低人群中心血管疾病的已知危险因素水平(吸烟、高胆固醇、高血压)，促进心血管疾病患者的早诊断、早治疗和康复[16,17]。初期的主要目标(main objective)(1972～1982 年)是降低人群心血管疾病死亡率，长期目标(1982 年后)则是降低主要慢性非传染性疾病的死亡率，促进人群健康[17]。

因为大部分人群都有心血管疾病的某些危险因素，项目如果仅仅针对高危人群，作用会很有限。因此，北卡雷利阿项目通过以社区为基础的多种行动来达到改变该地区人群健康风险相关的生活方式，而这些风险因素是嵌入于社区的文化、社会和物质特征中[15]。因此，此项目的总原则是以社区为基础，通过与社区的合作，改变当地的物理、社会和政策环境，从而影响并改变人们的行为方式，引导人们选择健康的生活方式。

3) 干预措施和监测

干预活动主要包括：健康教育和媒体活动、培训医疗卫生专业人员和其他人员、改善环境、监测和反馈、政策干预[17]。

(1) 健康教育和媒体活动：项目开发了很多健康教育材料，包括印刷品如书、传单、海报等和视频材料，通过广播和电视节目、地方报纸等途径向公众传播健康生活方式。

(2) 培训：通过研讨会的形式，长期对医生、护士、食堂管理员、营养师等开展培训。医生、护士和其他卫生专业人员需要知道长期系统地对公众健康习惯的测量、咨询和跟踪的重要性。

(3) 改善环境：项目提供卡片、贴纸和海报鼓励工作场所、学校、家庭等创造无烟环境。在超市组织活动或者设立“健康日”，为消费者提供免费血压和胆固醇测量及健康咨询。和食品工厂的合作则是项目的常规活动，除了研讨会外，还包括积极推进食品相关立法、贴食品成分标签、开发新产品、价格政策等。潜在目的是使公众以合适的价格买到健康的食物，以减少饱和脂肪酸的摄入和增加蔬菜、植物油和浆果的消费。

(4) 监测和研究：芬兰国立公共卫生研究所(National Public Health Institute)负责随访和监测，开展死因监测、疾病登记系统、人群危险因素调查、健康行为调查等。健康教育材料则依据监测结果。为了便于评估项目干预措施的成效，该项目选择与北卡雷利阿相邻的 Kuopio 为对照社区，对干预组和对照组试验前后采取一致的调查方法。

(5) 政策干预：只有社区或者整个社会环境改变，公众的生活方式才能发生大的变化。项目在全国和地方层面都推动了许多健康相关政策的出台，把健康融入所有政策。

2. 项目的协调机制及其外部环境

1) 协调机制

协调机制在健康融入所有政策中具有特殊的重要意义。项目由芬兰社会事务和卫生部(Ministry of Social Affairs and Health)下设的研究机构公共卫生研究所负责。项目主任 Pekka Puska 博士在 1987～1991 年被选为议员，在国会中代表北卡雷利阿项目[17]。

2) 外部环境

北卡雷利阿项目的外部环境包括项目实施过程中涉及的利益相关者、合作者和政策环境，主要有非政府部门、人群、产业、社区、国家健康规划和公共政策。

社区的作用十分重要，社区作为实施各项健康规划与政策的基本场所，其作用贯穿整个项目的实施。在长期的人群健康干预中，社区的协同干预作用不可低估，特别是针对那些危险因素中的生物因素所实施的干预措施。该项目试图通过实施以社区为基础的，包含非政府组织、私营部门和政治决策者的跨部门合作，以改善人群健康状况。除了跨部门合作外，该项目还强调干预活动和相关政策要调动产业、社会以及公众的积极性，如食品生产厂家(香肠生产厂以及牛奶厂等)、学校、报社、广播站、非政府组织(如家庭妇女组织)和社区等[18]。

3) 项目与非政府部门的关系

北卡雷利阿是一个社会经济条件较差的地区，医疗卫生资源有限，20 世纪 70 年代时存在许多社会问题，当地的文化也比较保守，对于变化非常抵制，导致该项目的社区预防观念与当地人们的观念格格不入。为此，芬兰政府规划构建了一个流行病学和行为学的研究框架，并设置了一个最终演变为慢性疾病预防和健康促进监测系统的高效评估系统[17,19]。

社区干预项目的规划框架要达到预期目的，很大程度上需要和政府部门、非政府部门紧密合作，以及地方公众的参与。从项目开始，一些健康相关 NGO 主动加入，如芬兰心脏协会开发了很多健康教育材料，以改善人群饮食习惯[20]。另外，该项目发动了各种社区组织和当地卫生保健机构，实施中各种形式的社区健康教育，比如宣传海报、宣传单和会议，最初由社区护士和医生参与，后来学校也加入了该项目。此外，这个项目还与许多其他类型的非政府组织合作，其中特别重要的是与强大的家庭主妇组织 Marttas 合作，该组织在当地大多数村都有一个俱乐部，这是一个影响家庭主妇购买食物和烹饪习惯的渠道[20]。项目还招募了当地意见领袖(lay opinion leader)，形成一个网络，这些人接受培训，最后促进了当地村民生活方式改变[21]。

4) 项目与产业的关系：发展替代性产业

为了推广健康的生活方式，改变人群的饮食习惯，降低其胆固醇水平，需要政府部门出台支持性公共政策，这对干预目标的达成十分重要。

当地支柱产业之一是奶业，黄油是非常受欢迎的食物，而黄油富含动物脂肪，增加心血管疾病风险。项目意图降低黄油的消费，促进植物油的食用，但是公众消费的水果和蔬菜都依靠进口。后来一种适合在当地种植的油菜被开发出来。芬兰的森林资源丰富，野生蓝莓众多，有一些可以开发种植。商务部和农业部发布了相关食品政策，促进该地区推广奶业的替代性产业，即蓝莓和蔬菜的种植。这就直接威胁到当地奶业行业的经济利益，因此曾一度受到这些行业的阻挠。“蓝莓和蔬菜”项目(Berry and Vegetable Project)的目的是把人群健康与经济利益挂钩，使两者目标趋于一致[22,23]。该项目在芬兰得到迅速发展，这使得许多奶农转向种植蓝莓和蔬菜，特别是在芬兰东部，很大一部分奶业实现了向浆果农业的转化。浆果和蔬菜消费的增加被视为重要的结构性的健康干预，健康食品的经济效益带来了奶业的成功替代。

3. 健康相关政策的出台

北卡累利阿项目考虑了控制卫生部门之外的健康因素，处理涉及其他部门在实施卫生政策中的跨部门工作，推进跨部门行动。卫生、农业和商业等部门的政策相继出台。农业等部门的政策也在逐渐发生改变。1972 年芬兰经济委员会(The Economic Council of Finland)①认为，实现卫生政策目标的策略不仅仅限于卫生领域，大量综合的（预防性的）卫生政策的策略事实上是其他领域的公共政策责任，如经济政策、就业政策、住房政策、社会福利政策、社会安全政策、农业政策、运输政策、贸易政策等[20]。

从 20 世纪 70 年代到 21 世纪初，芬兰出台了很多与营养、公共卫生相关的政策[20]，其中部分和北卡累利阿项目相关(见表 3-2)。

表 3-2　芬兰营养和公共卫生相关政策

20 世纪 70 年代	主要内容
国家公共卫生法	引入综合性社区卫生服务，重点是预防工作
一些政府建议	关于营养、高血压控制和工作场所午餐
允许黄油和植物油混合的法律	修改了早期为保护黄油，而不允许黄油和植物油混合的法律
20 世纪 80 年代	主要内容
关于牛奶脂肪含量百分比的法律	低脂牛奶的脂肪比例从 2.9%降至 1.9%，新的低脂牛奶为 1%
一些政府建议	关于营养、工作场所午餐和学校午餐，以预防冠心病
各种各样的脂肪涂抹食品准入法律	引入各种各样的脂肪涂抹食品和低脂涂抹食品
牛奶产品补贴的法律	补贴基础从脂肪含量转为蛋白质含量

① 由芬兰总理主持，宗旨是促进政府和主要利益团体之间的合作，讨论关乎国计民生的经济和社会问题。

续表

20 世纪 80 年代	主要内容
对黄油特殊财政支持的立法	取消对面包店等的黄油特殊财政支持；在军队，除了黄油，允许食用人造奶油
关于盐标签的立法	某些食物需标明盐含量
20 世纪 90 年代	主要内容
牛奶脂肪百分比的法律	低脂牛奶的脂肪含量从 1.9%降至 1.5%，普通牛奶从 3.9%降至 3.5%
一些政府建议	营养、心血管疾病预防
欧盟的法律和政策	芬兰 1995 年加入欧盟，引进欧盟政策到芬兰农业和商业立法中(如关于补贴和关税政策)
脂肪税收法律	取消植物油和相关产品(人造黄油)的额外税收
盐含量及其标签立法	规定某些食物的最大含盐量，某些食物必须贴“高盐”标签，某些食物贴“低盐”标签
21 世纪初	主要内容
欧盟学校牛奶立法	对芬兰的欧洲议会议员的成功游说，使学校牛奶项目也纳入了低脂和无脂牛奶
一些政府政策项目	健康 2015(Health 2015)、健康促进政策项目、政府政策项目鼓励健康饮食和体育活动
政府预算政策	支持国产蔬菜消费和健康相关食品的创新
盐标签条例的修正案	为了合乎欧盟规定，修改高咸和低盐的标签
心脏符号	健康食品上用心脏符号标志

在项目开展之前，法律和税收都倾向于奶制品，农业补贴也支持黄油的生产。项目开展后，原来保护纯黄油生产的法律改为允许黄油和植物油的混合，直至允许各种各样的油的混合和低脂肪涂抹食品。随着低脂牛奶越来越普遍，脂肪含量也越来越低，补贴政策也从依据脂肪含量变为蛋白质含量。其他政策包括降低屠宰时猪的重量(目的是生产更多瘦猪肉)。面包房的黄油补贴也逐渐减少，使其逐渐转向使用植物油为主[20]。另外，芬兰在 1995 年加入欧盟后，需要遵守欧盟的农业政策和商业规则，改变国内很多营养相关的政策，对公众健康不利。一个突出的例子是欧盟学校牛奶项目(EU School Milk Program)补贴全脂牛奶，而芬兰的学校已经在提供低脂牛奶。后来在说服了芬兰和其他的欧洲国会议员后，折中了补贴政策的脂肪含量指标[20]。

4. 项目的成效

北卡雷利阿项目组 1972 年开展了基线人口调查，调查内容包括：人口基本特征和危险因素、查体(身高、体重、血压等)、查血(胆固醇水平等)，另外还开展了死因监测，并建立了疾病登记系统。1972 年建立的心肌梗死和中风登记系统显示，北卡雷利阿 30～64 岁男性心肌梗死的发病率是首都赫尔辛基的 1.38 倍，死亡率是 1.21 倍[16]。

通过综合性的社区干预，北卡雷利阿项目改变了该地区人群危险因素的分布[24](见表 3-3)。从 1972 年到 1997 年，北卡雷利阿男性吸烟比例大幅下降，饮食习惯也发生了很大变化。1972 年 52%的北卡雷利阿男性吸烟，这一比例在 1997 年降为 31%。女性吸烟比例虽然有所上升，但是上升幅度较小。在 20 世纪 70 年代早期，蔬菜和植物油很少，而现在非常普遍。1972 年 90%的北卡雷利阿人在面包上涂抹黄油，而 1997 年不到 7%。饮食的改变导致人群中平均血清胆固醇水平下降 17%，同时血压水平下降，休闲体育活动增加。

表 3-3　北卡雷利阿 30～59 岁人群危险因素的改变(1972～1997 年)[24]

年份	男性			女性		
	吸烟/(%)	血清胆固醇/(mmol/l)	血压/mmHg	吸烟/(%)	血清胆固醇/(mmol/l)	血压/mmHg
1972	52	6.9	149/92	10	6.8	153/92
1977	44	6.5	143/89	10	6.4	141/86
1982	36	6.3	145/87	15	6.1	141/85
1987	36	6.3	144/88	16	6.0	139/83
1992	32	5.9	142/85	17	5.6	135/80
1997	31	5.7	140/88	16	5.6	133/80

随着危险因素的变化，人群死亡率随之下降[24,25](见表 3-4)。北卡雷利阿 35～64 岁男性冠心病死亡率从 1970 年到 1995 年下降了 73%，女性的下降幅度和男性相似。

表 3-4　北卡雷利阿年龄调整的 35～64 岁男性死亡率(1970～1995 年)[24]

死亡原因	1970 年/(1/100000)	1970～1995 年变化/(%)
全死因	1509	–49
心血管疾病	855	–68
冠心病	672	–73
癌症	271	–44
肺癌	147	–71

北卡雷利阿项目作为一个国家级示范项目，提供了长期预防干预的经验和心脏健康促进工作可持续发展的可能性。在该项目取得了降低危险因素和冠心病死亡率的成功经验后，大量综合性项目就推广到全国范围。后来，全国和北卡雷利阿的危险因素和发病率呈平行加速下降趋势之后，危险因素水平和发病率持续下降，并且全国和北卡雷利阿发生了同样趋势的平行变化。1972 年在芬兰有超过 90%的人在面包上涂抹黄油，到 2009 年则只有不到 5%的人这么做。全国的人均黄油消耗从 1965 年的 18kg 左右减少到了 2005 年的不到 3kg；1970 年使用植物油烹饪的概率几乎为 0，在 2009 年则达到了 50%左右；全国居民摄入的水果和蔬菜的比例大幅增加，盐摄入量也大大降低。由于以上这些膳食结构的改变，总脂肪消耗作为总热量摄取的百分比已经从 1982 年的大约 40%下降到了 2007 年的略高于 30%。危险因素的改变导致了心血管疾病死亡率的下降，从 1969 年到 2006 年，35～64 岁男性冠心病死亡率下降了 80%(其中北卡雷利阿减少 85%)[20]。

5. 总结和启示

综观北卡项目的实施和成效，如下几点可为借鉴。

1) 依托社区，实施从源头入手的一揽子计划

该项目采取以社区为基础的慢性病综合干预措施，是一个综合性的一揽子计划。它在社区中采用不同的干预措施，产生了协同的效果，从而逐步探索了一种新型健康管理模式，这就是通过改变人群生活方式、降低疾病危险因素等综合措施，从而降低人群慢性非传染性疾病的发病率和死亡率，改善了生存质量，提高了预期寿命。

2) 充分发挥媒体宣传的作用

北卡雷利阿项目启动了各种形式的健康教育，媒体宣传在以社区为基础的干预中起到重要的作用。在这个项目中，芬兰国家发起了许多健康活动，如国家电视节目针对吸烟进行控烟宣传，并进行健康指导，开展减少吸烟的竞赛；在村庄、年轻人和学校中开展降低胆固醇竞赛。20 世纪 80 年代，该项目主持了多个关于降低风险的国家电视项目，比如以饮食改变为主题的“健康的关键”(keys to health)节目[26]。几个新项目则更集中地涉及学校、学生及其家庭[27,28]。这些行动加强了人群对健康的关注和观念的转变，人们的行为有了很大的改变，危险因素也大为降低。

3) 整合各种机构和社会组织的力量

项目成功的关键是与大量的机构和社会组织紧密合作，包括媒体(报纸、无线电)、卫生及相关服务(医生、护士、老师、社会工作者)、商业领导者(牛奶厂、

香肠厂、面包房、零售商店等)、非政府组织的关键成员(世界卫生组织、芬兰心脏协会、家庭妇女组织、工会、运动协会等)和政策制定者(省级和市级领导)[17]。项目强调不同机构组织的综合性合作，在项目中发挥了很大的作用。

4) 把健康融入所有政策

北卡雷利阿项目推动了不同部门包括卫生、农业和商业等部门的政策协同，形成了有利于人群健康的政策环境，进一步促进了公众健康，也为公众健康的可持续性在项目结束后提供了保障。

3.3.2　中国的爱国卫生运动

1. 项目介绍

1) 产生背景

在新中国成立的第二年，第一届全国卫生工作会议召开，会上制定了卫生工作“面向工农兵，预防为主，团结中西医”的三项原则。与此同时，朝鲜战争爆发，1952 年 1 月中国军队发现美军在朝鲜战场和中国东北等地实施细菌战，我国面临着一些烈性传染病广泛流行的严重威胁[29]。1952 年 3 月政务院成立了以周恩来为主任委员，郭沫若和聂荣臻为副主任委员的中央防疫委员会，发动群众订立防疫公约，由此在全国各地开展了以消灭病媒虫兽为主要内容的防疫运动。在 1952 年 12 月 13 日第二届全国卫生工作会议上，当时的卫生部副部长贺诚总结了当年在城市、农村、工矿、铁路和部队中开展爱国卫生运动的情况[30]，会议把原来的卫生工作三项原则再加上“卫生工作与群众运动相结合”，形成了新中国卫生工作的四项原则。由于这一群众运动的直接目的是针对朝鲜战争中美军的细菌战，是保卫祖国的一项政治任务，于是中央就把这个运动定名为爱国卫生运动，在 1952 年 12 月 31 日发布的《中央人民政府政务院关于一九五三年继续开展爱国卫生运动的指示》中肯定了这一运动：“一九五二年全国开展爱国卫生运动获得了很大的成绩。这个运动不仅粉碎了美国帝国主义进行的细菌战，加速了我国卫生事业的建设，而且提供了卫生工作与群众运动相结合的丰富经验。”[31]同时，把“中央防疫委员会”改称为“中央爱国卫生运动委员会”。从此，爱国卫生运动在卫生工作四大原则的指导下逐步成为极具中国特色的卫生防疫事业。

纵观该爱国卫生运动的历史进程，不同历史阶段，爱国卫生运动在内容、形式和目的上也有相应的差别。总体来看，改革开放前的爱国卫生运动带有相当的政治色彩。以“爱国”精神激发出的高涨的政治热情，跨部门高度的协调性，广泛的社会组织参与性，是该时期爱国卫生运动的典型特点，也是这一时期爱国卫生运动成果取得国际社会广泛认可的重要原因。改革开放后，结合新时期的政治、社会和经济特点，爱国卫生运动逐渐回归理性，逐渐回归到政府行政行为。

2) 爱国卫生运动的组织机构

爱国卫生运动的领导机构是爱国卫生运动委员会(简称“爱卫会”)，中央级称中央爱国卫生运动委员会(简称“中央爱卫会”)，中央以下各级冠以各行政区域或单位名称[31]。它是各级政府的议事协调机构，其常务机构是爱卫会办公室，负责统一领导、统筹协调公共环境卫生、防病治病、病媒生物防治(除“四害”)和健康教育工作，而一般的医疗和公共卫生工作仍由各级卫生部门负责。

中央和地方各级爱卫会设主任一人，由党政主要领导担任，副主任和委员若干人。第一任中央爱卫会主任是周恩来总理，第二任是国务院秘书长习仲勋。各级爱卫会受同级党政领导，省、市、县(区)爱卫会办公室设在本级卫生行政主管部门，承担爱卫会的日常工作。乡镇政府、街道办事处由专门的组织或者人员承担爱国卫生的具体工作。可见，爱卫会的组织一直延伸到社会基层。这为爱国卫生运动的开展提供了根本的组织保证。

目前全国爱卫会成员包括国家卫生健康委员会、生态环境部、住房城乡建设部、农业农村部、中央宣传部、发展改革委员会等 30 余个单位，主任由国务院副总理孙春兰担任。全国爱卫会办公室设在国家卫生健康委员会，办公室主任由卫生健康委副主任曾益新兼任[32]。

3) 爱国卫生运动发展阶段

(1) 1949～1952 年：爱国卫生运动的推出

金登提出了政策议程的多源流政策过程框架(multiple streams framework)。多源流政策过程框架认为，在公共政策的具体过程中存在着与问题、政治、政策相关的一些连续变化的又相互关联的因素，如同在复杂多样的丛林中流淌的水流，金登将其称为问题源流、政治源流和政策源流[33]。如果用金登的多源流理论来分析爱国卫生运动的推出，可概述如下。

问题流：新中国成立伊始，整个社会面对的是卫生机构、卫生设施和卫生人力匮乏，传染病、寄生虫病和地方病流行，人群健康水平低下，人均寿命只有 35 岁[34]。因此，改变落后的卫生状况，预防疫病，保护劳动力，为新中国的经济建设做准备成为政府工作的一个重要内容。与此同时，及时应对 1952 年初美军在朝鲜战场和中国东北等地实施的细菌战，防止急性传染病的流行也成为当务之急。

政策流：1950 年的第一届全国卫生工作会议制定了卫生工作方针。另外，中国共产党为人民服务的宗旨和发动群众、走群众路线的传统，都是建构爱国卫生运动模式可资借鉴的政策资源。1951 年 4 月召开的全国防疫专业会议认为，今后的防疫工作必须使技术与群众运动相结合，必须加强防疫人员群众观点的教育，必须加强对群众宣传教育的工作，使群众自觉自愿地参加防疫运动。只有这样，才能使卫生防疫工作普遍和深入到家喻户晓的程度。

政治流：一是新中国成立后，多种传染病、寄生虫病和地方病严重威胁人群健康，人民群众迫切希望改善生存环境；二是刚取得政权的中国共产党也希望在新中国建设的过程中融入卫生运动元素，回应社会需求和经济建设需求。

政策之窗：1951 年 9 月 7 日，卫生部副部长贺诚给党中央写了《二十一个月来全国防疫工作的综合报告》。报告总结成绩的同时，指出工作中还存在的缺点，即“不少省县以下党政领导干部，只把不饿死人认为是政府的责任，对因不卫生而病死人则重视不够，认为是难以避免的天灾；实际上因疫病而死的人数远超过饿死的，其中大多是可以预防的”。1951 年 9 月 9 日，毛泽东批阅了《二十一个月来全国防疫工作的综合报告》，并要求转发给县以上各级党委。批示要求今后必须把卫生、防疫和一般医疗工作看作一项重大的政治任务，极力发展群众防疫工作。这是新中国成立后毛泽东对卫生工作亲自拟稿批转的第一个文件。该文件做出了卫生工作是政治任务的明确定位，为此后的爱国卫生运动走向高潮奠定了思想基础[35]。

爱国卫生运动于 1952 年轰轰烈烈地开展起来。这一运动规模空前，全国各行各业群众都参与进来，群众在运动中提出了“八净”：孩子、身体、室内、院子、街道、厨房、厕所、牲畜圈都要干净；“五灭”：灭蝇、蚊、虱、蚤、臭虫；“一捕”：捕鼠[36]。爱国卫生运动改善了城乡卫生环境，其结果不只对美军的细菌战给了有力的打击，并且把以前多年来不讲卫生的风气改变了，疾病因之也大大减少[36]。

(2) 1953～1966 年：“除四害”讲卫生，社会主义改造和建设时期的爱国卫生运动

1953～1966 年是社会主义改造和建设时期，政务院发出继续开展爱国卫生运动的指示，要求着重抓好城市厂矿，并把突击活动与经常保洁结合起来。1955 年冬，毛泽东在组织起草《农业十七条》时，决定将麻雀、老鼠、苍蝇、蚊子一起列为“四害”，把爱国卫生运动和“除四害”讲卫生结合起来[37]。1956 年 1 月 12 日，《人民日报》发表了题为《除四害》的社论，提出“从现在起到 1962 年基本上把四害除尽”。但由于受到大自然的报复以及生物学家们强烈要求为麻雀“平反”，毛泽东在 1960 年 3 月 18 日起草的《中共中央关于卫生工作的指示》中提出

用臭虫代替麻雀，口号变为“除掉老鼠、臭虫、苍蝇、蚊子”[37]。

随着新一轮运动的开展，各地“四害”大大减少，城市和农村的环境卫生得到改善，严重危害人群健康的主要疾病发病率逐渐下降，如天花、鼠疫、黑热病基本消灭，血吸虫病的防治工作取得了较大的成绩[38]。同时，爱国卫生运动还起到了移风易俗的作用，使人们逐步养成了“以卫生为光荣，不卫生为耻辱”的社会风气[39]。虽然将麻雀定为“害鸟”是爱国卫生运动中走过的一段弯路，不过“除四害”活动对传染病的防治，起到了积极有效的作用。

(3) 1966～1978 年：爱卫会组织被撤，聚焦农村卫生，“两管五改”体系发挥作用

1966～1976 年，“文化大革命”时期，许多爱卫会和其办事机构形同虚设。1964 年 6 月毛泽东指示“把医疗卫生工作的重点放到农村去”。在没有机构支撑，运动属于“空转”的情况下，防疫人员和爱国卫生运动工作人员共同努力，从 20 世纪 60 年代中期开始，各地在原来管理好粪便的基础上，主要聚焦农村卫生问题，逐渐形成了以“两管”、“五改”为中心内容的爱国卫生运动新形式。“两管”是管理饮水、管理粪便；“五改”是改水、改厕、改圈、改灶、改造环境。该项工作在不同程度改变了农村不卫生的状况，取得了很大的成绩。

1955 年党中央成立血吸虫病防治领导小组，1970 年中央重建防治血吸虫病领导小组。到 1975 年底，南方 12 个省治愈的血吸虫病患者和消灭钉螺的面积均有三分之一[40]。此外，针对其他的一些地方病如黑山病，在 70 年代初也开展了大规模的普查普治工作。人均预期寿命从新中国成立前的 35 岁增加到了 1978 年的 68 岁。

(4) 1978～2003 年：爱国卫生运动由政治运动回归政府行政行为

1978 年 4 月，中共中央、国务院决定重建中央爱卫会，发出《关于坚持开展爱国卫生运动的通知》，制定了“加强领导，动员群众，措施得力，持之以恒”的新时期爱国卫生工作方针，通知要求“各地各级应迅速恢复和健全爱卫会及其办事机构，把卫生运动切实领导起来”。同年 8 月在山东烟台召开了全国爱国卫生运动现场经验交流会议。1980 年中央爱卫会第四次会议提出要认真解决由环境污染带来的一系列严重卫生问题。1981 年 2 月，中央爱卫会与中华全国总工会、中国共青团中央等 9 部门联合发出《关于开展文明礼貌活动的倡议》，开展以“讲文明、讲礼貌、讲卫生、讲秩序、讲道德，心灵美、语言美、行为美、环境美”为内容的“五讲四美”文明礼貌活动。1982 年，“开展群众性的卫生活动”被写入《中华人民共和国宪法》，确立了爱国卫生运动的法律地位。1988 年 8 月国务院将中央爱卫会改名为全国爱国卫生运动委员会(简称“全国爱卫会”)。1989 年 2 月，国务院发布了《关于加强爱国卫生工作

的决定》。这是我国爱国卫生运动史上的一个纲领性文献，它标志着爱国卫生运动进入了新的发展阶段。《决定》制定了爱国卫生工作的基本方针和方法是“政府组织，地方负责，部门协调，群众动手，科学治理，社会监督”，这是 30 多年爱国卫生工作实践经验的总结[41]。1989 年 10 月全国爱卫会印发《全国爱国卫生运动委员会关于开展创建国家卫生城市活动的通知》，标志着我国正式启动创建国家卫生城市工作。在抗击非典期间，中央文明委和全国爱卫会联合发出两个通知《关于在抗击非典斗争中积极开展讲文明讲卫生讲科学树新风活动的通知》和《关于开展“改陋习、树新风”活动的通知》，全国各地积极展开行动。

重建爱卫会后工作重点放在了农村改水改厕，城市除四害，创建卫生城市和全民健康教育上[42]。1997 年底农村改水受益人口达到 8.5 亿；从 1992 年到 1997 年卫生厕所由 7.5%增加到 29.6%，粪便无害化处理率由 14%增加到 25.4%[42]。传染病、寄生虫病和地方病的防治取得了巨大成绩。我国从 20 世纪 70 年代就开始对丝虫病进行普查普治，1994 年基本上将此病消除；疟疾、钩虫病等疾病也由于采取了积极的预防措施已较少发生；2000 年世界卫生组织确认中国已经成功阻断本土脊髓灰质炎野病毒的传播，实现了无脊髓灰质炎疫情发生的目标。

(5) 2004 年后：爱国卫生运动的新阶段

2004 年 12 月修订后的《中华人民共和国传染病防治法》开始施行，提出“国家对传染病防治实行预防为主的方针，防治结合、分类管理、依靠科学、依靠群众。”2009 年《中共中央国务院关于深化医药卫生体制改革的意见》提出要深入开展爱国卫生运动。2014 年 12 月 23 日国务院发出《国务院关于进一步加强新时期爱国卫生工作的意见》，从四个方面提出了 13 项重点任务。针对当前传染病和慢性病的双重负担[43]，2017 年 5 月 12 日召开的爱国卫生运动 65 周年暨全国爱国卫生工作座谈会上，发布了新时期爱国卫生运动的工作方针：以人民健康为中心，政府主导，跨部门协作，全社会动员，预防为主，群防群控，依法科学治理，全民共建共享。

爱国卫生运动自 1952 年开展以来，先后开展了“除四害”、“两管五改”、“五讲四美”、创建国家卫生城市、全民健康教育、讲文明、讲卫生、讲科学、树新风等活动，解决了人群的突出卫生问题。病媒传播疾病大为减少，如疟疾发病人数降低到了 2018 年的 2518 人；血吸虫病从“千村薜荔人遗矢，万户萧疏鬼唱歌”到 2018 年发病人数为 144 人；2018 年全国甲乙类传染病报告发病率为 220.5/10 万，死亡率为 1.7/10 万[44]。中国人的期望寿命也从新中国成立前的 35 岁提高到 2018 年的 77.0 岁，位居发展中国家的前列[44]。

2. 爱国卫生运动出台的相关政策

爱国卫生运动发起已经有 60 余年，出台了很多重要政策，促进了人群健康的提高。具体政策如表 3-5 所示。

表 3-5　爱国卫生运动中出台的相关政策

序号		
1	名称	毛泽东对《二十一个月来全国防疫工作的综合报告》的批示
	出台时间	1951 年 9 月 9 日
	机构	中共中央
	内容	批示中说“中央认为各级党委对于卫生、防疫和一般医疗工作缺乏注意是党的工作中的一项重大缺点，必须加以改正。今后必须把卫生、防疫和一般医疗工作看作一项重大的政治任务，极力发展这项工作。”批示强调指出“必须教育干部，使他们懂得，就现状来说，每年全国人民因为缺乏卫生知识和卫生工作引起疾病和死亡所受人力畜力和经济上的损失，可能越过全国人民所受水旱风虫各项灾荒所受的损失，因此至少要将卫生工作和救灾防灾工作同等看待，而决不应轻视卫生工作。”
	目的和意义	这是新中国成立后毛泽东对卫生工作亲自拟稿批转的第一个文件。它阐述了卫生工作的重要性，给卫生工作做了明确的定位，为此后爱国卫生运动走向高潮奠定了思想理论基础。
2	名称	1956 年到 1967 年全国农业发展纲要(修订草案)
	出台时间	1956 年 1 月 23 日
	机构	中共中央政治局
	内容	第二十七条：从 1956 年起，在 12 年内，在一切可能的地方，基本上消灭老鼠、麻雀、苍蝇、蚊子。 第二十八条：从 1956 年起，在 12 年内，在一切可能的地方，基本上消灭危害人民最严重的疾病，如血吸虫病。
	目的和意义	全国开展了一个更大规模的“除四害”运动。
3	名称	中共中央关于开展以“除四害”为中心的冬季爱国卫生运动的通知
	出台时间	1958 年 1 月 3 日
	机构	中共中央
	内容	提出 1958 年冬季爱国卫生运动的具体要求。
	目的和意义	由毛泽东起草，要求“除四害”布置“城市一定要到达每一条街道，每一个工厂、商店、机关、学校和每一户人家，乡村一定要到达每一个合作社、每一个耕作队和每一户人家”。
4	名称	中共中央关于卫生工作的指示
	出台时间	1960 年 3 月 18 日
	机构	中共中央
	内容	重新恢复爱卫会的组织和工作；以臭虫代替麻雀，口号是“除掉老鼠、臭虫、苍蝇、蚊子”；提倡“以卫生为光荣，以不卫生为耻辱”。
	目的和意义	把过去两年放松了的爱国卫生运动重新发动起来。

续表

序号		
5	名称	毛泽东指示　“把医疗卫生工作的重点放到农村去”
	出台时间	1965 年 6 月 26 日
	机构	中共中央
	内容	要求各地充分发掘城市医院的潜力，支持农村的卫生防疫事业。
	目的和意义	在中共中央和毛泽东的号召下，各地抽调了大批医务人员到农村巡回医疗。这些医务人员到农村以后，除了巡回医疗之外，还指导农村的除害灭病工作，培养赤脚医生。随着医疗卫生工作重点向农村的转移，国家加大了对农村医疗卫生事业的投入，各地农村也在国家的扶持下办起了医疗卫生机构。这在一定程度上改变了农村缺医少药的状况。
6	名称	关于坚持开展爱国卫生运动的通知
	出台时间	1978 年 4 月
	机构	中共中央、国务院
	内容	通知要求“各地各级应迅速恢复和健全爱卫会及其办事机构，把卫生运动切实领导起来”，提出了“加强领导、动员群众、措施得力、持之以恒”的爱国卫生运动方针。
	目的和意义	重建爱卫会，制定新的爱国卫生工作方针，开创改革开放后爱国卫生工作新局面。
7	名称	国务院关于加强爱国卫生工作的决定
	出台时间	1989 年 3 月
	机构	国务院
	内容	提出了“政府组织，地方负责，部门协调，群众动手，科学治理，社会监督”的新时期爱国卫生工作的方针和方法。全国爱卫会则决定每年 4 月为“爱国卫生月”。同年 10 月，国家还开展了创建“国家卫生城市”的活动。
	目的和意义	是爱国卫生运动发展史上的纲领性文献。
8	名称	《农村改厕管理办法(试行)》 《农村改厕技术规范(试行)》的通知
	出台时间	2009 年
	机构	全国爱卫会办公室、卫生部办公厅
	内容	明确了全国爱卫办、省、地市、县级爱卫会的管理职责；改厕的技术培训与健康教育管理；改厕产品安全和质量保障管理；新、改建厕所的检查与验收管理；长效管理等。
	目的和意义	规范全国农村改厕工作，加快农村改厕进程，进一步改善农村环境卫生，保障农村居民身体健康。

续表

序号		
9	名称	关于进一步加强新时期爱国卫生工作的意见
	出台时间	2014 年 12 月 23 日
	机构	国务院
	内容	文件从四个方面提出了 13 项重点任务。重点内容包括：第一是深入开展城乡环境卫生整治行动，比如垃圾、污水问题；第二是加快保障饮水安全，加快农村改厕进度；第三是如何克服城市病问题，积极推进社会卫生综合治理。
	目的和意义	适应新形势和新任务，不断丰富工作内涵，完善爱国卫生工作机制，创新工作方法，加强新时期爱国卫生工作。

3. 爱国卫生运动的运行机制

爱国卫生运动是一项以治理大环境为重点的社会卫生工作，它涉及社会的各个方面，需要各个部门的通力合作与密切配合。

1) 统筹协调

统筹协调是各级爱卫会的基本工作。全国(中央)爱卫会成立至今，尽管经历了数次机构改革，但都保留了其作为国务院的议事协调职能，而具体工作则由卫生行政部门承担。全国爱卫会作为议事协调机构，由国务院的相关部委、直属机构、社会团体等部门相组成。例如，2010 年全国爱卫会决定开展“全国城乡环境卫生整洁行动”，这项工作通过爱卫会这一协调部门，把 30 多家成员单位充分动员起来，通过整合各方的资源来达到最终目的。地方爱卫会也发挥了统筹协调的作用，例如，在上海市的控烟工作中，探索建立了由健康促进委员会(简称健促委，即爱卫会)牵头，公安治安、食品药品监督、卫生监督、交通港口等监管执法部门联合监管的控烟工作组织管理体系，使上海市依法控烟的监管执行力走在全国前列。

2) 立法与政策引导

一些法律法规相继出台，在培养人群卫生习惯、预防疾病发生、促进人群健康方面发挥了巨大的作用，如 1987 年颁布的《公共场所卫生管理条例》、1989 年通过的《环境保护法》和 1995 年开始实施的《食品卫生法》。地方立法和政策引导是近年来开展爱国卫生工作重点考虑和正在积极推动的内容。例如，江苏省在 2013 年 9 月 27 日的江苏省第十二届人民代表大会常务委员会第五次会议上通过了《江苏省爱国卫生条例》，共 9 章 59 条，自此，江苏省以法规的形式正式明确了江苏省爱卫会的组织机构和职责。同时，一些地方也在具体的卫生工作领域进行了立法或政策引导，如上海市 2010 年 3 月开始实施《上海市公共场所控制吸烟条例》(2016 年修订)，取得了较好的成效。这些都表明了爱国卫生运动进一步制度化的探索。

3) “细胞优化”

以城市卫生为例，机关、部队、学校、工商企业、街道、居委会等是构造城市的“细胞”。优化这些“细胞”主要包括两部分内容：首先，要明确制定优化“细胞”的标准；其次，要选择优化的形式，包括开展创建卫生先进单位、星级单位、十佳社区居委会等，以保证爱国卫生各项工作都能落到实处。

早期爱国卫生运动的工作模式依托于计划经济管理体制和社会动员的方式，而在当代爱国卫生运动的体制机制面临着挑战：首先，“小牛”拉大车，即人力资源不足，工作经费严重不足；其次，法制化进程缓慢，监督机制不完善；第三，在 GDP 崇拜风盛行的背景下，爱国卫生运动不被地方政府所重视，队伍缺乏激励机制，管理松弛[45]。

4. 值得借鉴之处

爱国卫生运动的成功可以为我国实施“健康融入所有政策”提供借鉴，为我国实现《健康中国 2020》战略规划提供案例支撑。

1) 中央领导人的高度重视

我们看到，爱国卫生运动从一开始就得到中央领导人毛泽东同志的高度重视。他在 1951 年对《二十一个月来全国防疫工作的综合报告》的批示催生了爱国卫生运动，在 1952 年美军的细菌战后，发出了“动员起来，讲究卫生，减少疾病，提高健康水平”的号召，在全国迅速开展了爱国卫生运动。首任中央爱卫会主任是周恩来总理，第二任是国务院秘书长习仲勋，体现了国家对爱国卫生运动初期的强有力的领导和高度重视。

2) 强化各类型社会组织的协调与沟通，凝聚共识

爱国卫生运动综合性强，实施起来要涉及多个部门，关系到社会各行各业，方方面面，协调沟通工作可以说是头等重要的事情。我国设立了爱卫会委员部门制度，实行委员部门分工负责制，目的就是组织、协调社会各部门、各单位的力量，齐抓共管，共同开展大卫生工作。例如，财政、发改部门支援城乡爱国卫生工作，把所需物质和经费纳入规划；农村农业、水利部门结合农田、水利建设，抓好农村“两管五改”；工业部门做好安全生产、职业卫生等[34]。这也是中国式整合部门力量完成某项任务的典型做法。

健康融入所有政策，那就意味着它的实施几乎要涉及所有的部门，这就对

其中的组织协调工作提出了很高的要求。因此，爱国卫生运动的组织协调经验和最高领导大力支持、凝聚共识的经验可资借鉴。

3) 卫生工作与群众相结合，走群众路线

爱国卫生运动设计的目标是以公共卫生成果为评价标准，项目的运作采取群众广泛参与的方式。走群众路线是其成功的要诀。很明显，只有这样，才能真正做到对基层民众开展有效的健康教育，才能使大家养成良好的健康习惯。因此，我国在贯彻健康融入所有政策这一理念时，必须要坚持走群众路线：找出群众最关心的健康问题，制定群众能看得懂的政策，用群众喜闻乐见的方式做好政策宣传，以群众最容易接受的方式推进健康相关政策。

3.4 健康影响评价是实现健康融入所有政策的重要手段

建立健全健康影响评价制度有利于实现“健康融入所有政策”，推动其他各部门的政策向人群健康优先的目标靠近。许多损害健康的因素在社会转型过程中集中爆发。城市化、区域规划、环境污染、食品安全、学校教育、医药卫生体制改革都与人群健康密切相关。这些领域的规划、政策和大型项目都直接关系到人群健康水平的提高，必须以健康影响评价制度来实现这些规划、政策和项目与人民健康目标的协同。因此，在《“健康中国2030”规划纲要》中，健康影响评价制度作为实施纲要的支撑因素，明确列入“把健康融入所有政策”部分之中：“全面建立健康影响评价评估制度，系统评估各项经济社会发展规划和政策、重大工程项目对健康的影响，健全监督机制”。

健康影响评价之所以是健康融入所有政策的支撑性因素和重要手段，是因为健康影响评价体系的构成，是基于对所有影响健康因素及其历史性作用的扫描、识别后，根据其重要性排序及可操作性进行筛选而成。因此，科学性及合理性是其基础。简而言之，健康影响评价因其对健康影响源的识别，构成了健康融入所有政策的认识前提，因而是其实施“把健康融入所有政策”的必要手段。

参 考 文 献

[1] World Health Organization. Closing the Gap in A Generation: Health Equity Through Action on the Social Determinants of Health. Geneva: WHO Press, 2008.

[2] 石光，韦潇，汝丽霞. 卫生政策的优先重点：健康和健康不公平的社会决定因素. 卫生经济研究, 2012, (5): 35-38.

[3] Daniels N, Kennedy B P, Kawachi I. Why justice is good for our health: The social determinants of health inequalities. Daedalus, 1999, 128(4): 215-251.

[4] Collins J, Koplan J P. Health impact assessment: A step toward health in all policies. Journal of the American Medical Association, 2009, 302(3): 315-317.

[5] Puska P. Health in all policies. European Journal of Public Health, 2007, 18(4): 357.

[6] World Health Organization, Government of South Australia. The Adelaide statement on health in all policies: Moving towards a shared governance for health and well-being. Health Promotion International, 2010, 25(2): 258-260.

[7] Leppo K, Ollila E, Pena S, et al. Health in all policies: Seizing opportunities, implementing policies. Helsinki: Ministry of Social Affairs and Health, Finland, 2013.

[8] World Health Organization. The Helsinki statement on health in all policies. Health Promotion International, 2013, 29(S1): i17-i18.

[9] Rivillas J C, Colonia F D. Reducing causes of inequity: Policies focused on social determinants of health during generational transitions in Colombia. Global Health Action, 2017, 10(1): 1349238.

[10] Keys A, Karvonen M J, Fidanza F. Serum-cholesterol studies in Finland. The Lancet, 1958, 272 (7039): 175-178.

[11] Keys A. Coronary heart disease in seven countries (reprinted). Nutrition, 1997, 13(3): 249-253.

[12] Roine P, Pekkarinen M, Karvonen M J, et al. Diet and cardiovascular disease in Finland. The Lancet, 1958, 272(7039): 173-175.

[13] Kannel W B, Dawber T R, Kagan A, et al. Factors of risk in the development of coronary heart disease — six year follow-up experience: The Framingham study. Annals of Internal Medicine, 1961, 55: 33-50.

[14] Kannel W B, Castelli W P, Gordon T, et al. Serum cholesterol, lipoproteins, and the risk of coronary heart disease: The Framingham study. Annals of Internal Medicine, 1971, 74(1): 1-12.

[15] Puska P. From Framingham to North Karelia: From descriptive epidemiology to public health action. Progress in Cardiovascular Diseases, 2010, 53(1): 15-20.

[16] Puska P, Mustaniemi H. Incidence and presentation of myocardial infarction in North Karelia, Finland. Acta Medica Scandinavica, 1975, 197(3): 211-216.

[17] Puska P, Vartiainen E, Laatikainen T, et al. The North Karelia Project: From North Karelia to National Action. Helsinki: Helsinki University Printing House, 2009.

[18] Puska P, Nissinen A, Tuomilehto J, et al. The community-based strategy to prevent coronary heart disease: Conclusions from the ten years of the North Karelia project. Annual Review of Public Health, 1985, 6: 147-193.

[19] Puska P. The North Karelia project: 20 year results and experiences. Helsinki: National Public Health Institute, 1995.

[20] Puska P, Stahl T. Health in all policies — The Finnish initiative: Background, principles, and current issues. Annual Review of Public Health, 2010, 31: 315-328.

[21] Puska P, Koskela K, McAlister A, et al. Use of lay opinion leaders to promote diffusion of health innovations in a community programme: Lessons learned from the North Karelia

project. Bulletin of the World Health Organization, 1986, 64(3): 437-446.
[22] Kuusipalo J, Mikkola M, Moisio S, et al. The East Finland berry and vegetable project: A health-related structural intervention programme. Health Promotion International, 1986, 1(3): 385-391.
[23] Kuusipalo J, Mikkola M, Moisio S, et al. Two years of the East Finland berry and vegetable project: An offshoot of the North Karelia project. Health Promotion International, 1988, 3(3): 313-317.
[24] Puska P. Successful prevention of non-communicable diseases: 25 year experiences with North Karelia project in Finland. Public Health Medicine, 2002, 4(1): 5-7.
[25] Puska P, Vartiainen E, Tuomilehto J, et al. Changes in premature deaths in Finland: Successful long-term prevention of cardiovascular diseases. Bulletin of the World Health Organization, 1998, 76(4): 419-425.
[26] Puska P, McAlister A, Niemensivu H, et al. A television format for national health promotion: Finland's "Keys to Health". Public Health Reports, 1987, 102(3): 263-269.
[27] Puska P, Vartiainen E, Pallonen U, et al. The North Karelia youth project. A community-based intervention study on CVD risk factors among 13- to 15-year-old children: Study design and preliminary findings. Preventive Medicine, 1981, 10(2): 133-148.
[28] Vartiainen E, Puska P, Tossavainen K, et al. Prevention of non-communicable diseases. Risk factors in youth: The North Karelia youth project (1984–88). Health Promotion International, 1986, 1(3): 269-283.
[29] 戴志澄. 中国卫生防疫工作回顾与展望：纪念全国卫生防疫站成立 40 周年. 北京：卫生部卫生防疫司, 1993.
[30] 贺诚. 为继续开展爱国卫生运动而斗争 在第二届全国卫生会议上的报告(摘要). 中医杂志, 1953, (2): 1-5.
[31] 周恩来. 中央人民政府政务院关于一九五三年继续开展爱国卫生运动的指示. 新华月报, 1953, (1).
[32] 国务院办公厅关于调整全国爱国卫生运动委员会组成人员的通知. http://www.gov.cn/zhengce/content/2018-10/24/content_5334078.htm[2018-10-24].
[33] 约翰 · W · 金登. 议程、备选方案与公共政策. 第二版 · 中文修订版. 北京：中国人民大学出版社, 2017.
[34] 黄永昌. 中国卫生国情. 上海：上海医科大学出版社, 1994.
[35] 肖爱树. 1949～1959 年爱国卫生运动述论. 当代中国史研究, 2003, 10(1): 97-102, 128.
[36] 李德全. 三年来中国人民的卫生事业. 人民日报[1952-9-27].
[37] 雷颐. "麻雀"有故事. 炎黄春秋, 2009, (2): 60-63.
[38] 社论. 人人动手，大搞爱国卫生运动. 人民日报[1960-3-26].
[39] 李德全. 以移风易俗改造世界的气概开展爱国卫生运动 在第二届全国人民代表大会第二次会议上的发言. 中级医刊, 1960, (5): 1-4.
[40] 钟学方. 文化大革命是推动血防工作的强大动力. 新华月报, 1976, (6): 170.
[41] 印石. 从抗击非典斗争反思爱国卫生运动(上). 基层医学论坛, 2004, 8(4): 293.
[42] 王声湧, 曾光. 我国卫生防疫工作的回顾与展望. 中国公共卫生, 2000, 16(9): 90-92.

[43] Yang G, Wang Y, Zeng Y, et al. Rapid health transition in China, 1990–2010: Findings from the global burden of disease study 2010. The Lancet, 2013, 381(9882): 1987-2015.
[44] 国家卫生健康委员会. 2018 年我国卫生健康事业发展统计公报. 北京: 国家卫生健康委员会, 2019.
[45] 叶东进. 当前爱国卫生管理存在的问题及对策探讨. 江苏卫生保健, 2012, 14(4): 18-20.

第三部分　健康影响评价国内外概况

第 4 章　国内健康影响评价现状

本章采取文献梳理和专家访谈(访谈对象来自环境保护、交通运输、安全生产监督管理、卫生和健康等部门和领域的专家和官员，共 10 名)的方法，总结国内健康影响评价及其他健康风险评价的发展历程和现状。

4.1　环境健康影响评价制度

4.1.1　我国环境影响评价制度的形成和发展历程

20 世纪 70 年代初环境影响评价(environmental impact assessment，EIA)的概念引入我国，此时我国的环境保护工作正处于起步[1]，是环境影响评价制度的试验、探索阶段[2]。1979 年出台的《中华人民共和国环境保护法(试行)》规定新建、改建和扩建工程必须提出对环境影响的报告书，由此确立了我国的建设项目环境影响评价制度。20 世纪 80 年代，经济技术开发区开始发展，区域环境影响评价在此背景下逐渐起步，从宏观角度为区域开发的合理布局、入区项目的筛选提供决策依据。1986 年国家环保总局发布的《对外经济开放地区环境管理暂行规定》是我国最早的有关区域环境影响评价的规定。

2002 年颁布、2003 年实施的《中华人民共和国环境影响评价法》界定了环境影响评价(以下简称环评)：对规划和建设项目实施后可能造成的环境影响进行分析、预测和评估，提出预防或者减轻不良环境影响的对策和措施，进行跟踪监测的方法与制度。该法提高了区域环评的法律地位[1]，同时将我国环评制度从建设项目延伸到规划，确立了我国规划环评制度。进入 21 世纪，我国工业化、城市化进程加快，如何实现经济、社会、环境三者的有机统一成为我国社会经济发展及环境保护工作的重点[3]。

近些年随着环评改革继续深化，生态文明建设和环境保护的战略地位不断提高，现行环保管理体制有了一些重大调整[3]。例如，2016 年修订的《中华人民共和国环境影响评价法》规定环评审批不再作为项目核准的前置条件。另外，2017 年修订的《建设项目环境保护管理条例》删除了对环评单位的资质管理规定，将环境影响登记表从审评制改为备案制，将环境影响评价和工商登记脱钩，落实“证照分离”的要求，取消环境部门对建设项目环境保护设施竣工验收的审批，改为建设单位依照规定自主验收[4]。访谈专家认为修订前的环评制度强调事前预防，而现在主抓事中和事后，如果一个企业已经造成了污染，事中和事后的评价无法弥补已经有的损失。

我国环境影响评价制度是一个不断完善的过程，随着经济结构的不断转型，环境影响评价也从最初的建设项目环境影响评价扩张到规划环境影响评价。颁布的一系列政策法规更加强调宏观性和战略性，使环境影响评价更能成为影响重大决策的重要工具，促进经济发展与生态平衡的协调统一[5]。让环境影响评价更好地服务社会，为环境保护提供更有效、更科学的指导[3]。

4.1.2　环境影响评价中的健康影响评价制度

根据 WHO 的报告显示，我国每年有 21%的发病与环境影响因素相关[6]，由环境危害造成的健康问题屡见不鲜。从目前的环境影响评价来看，环境影响主要通过建设项目造成自然环境的污染(重金属、有毒有害物质等)，当人体暴露在自然环境介质(水、大气、土壤等)中，通过人体皮肤、呼吸、饮食等，对健康产生危害[7]。

1. 部分环境影响评价制度考虑了人体健康，但真正的健康影响评价并未开展

环境影响评价的某些指标考虑了环境对人群健康的影响，比如环境质量标准、针对大气和噪声污染影响的卫生防护距离，但是还存在一些不足，不能适应对公众健康保护的需求[8]。另外，排放标准与人群的健康效应之间尚有一定距离，即使企业排放达标，长期的累积排放也有可能产生健康问题。

2011 年发布的《环境影响评价技术导则 总纲》明确将“人群健康”列为评价内容之一，然而受基础数据、评价内容与方法，以及公众参与等诸多因素限制，我国在环境影响评价实施过程中并没有真正开展健康影响评价，人群健康仅在污染物会造成重大的潜在健康影响时才会被提到[8,9]。《规划环境影响评价条例》中第八条提出“对规划进行环境影响评价，应当分析、预测和评估以下内容：(二)规划实施可能对环境和人群健康产生的长远影响。”《环境影响评价法》和《建设项目环境保护管理条例》中并无涉及人群健康方面的内容。

另外，“保障公众健康”也首次写入 2014 年修订的《环境保护法》总则第一条。《环境保护法》第三十九条规定：鼓励和组织开展环境质量对公众健康影响的研究，采取措施预防和控制与环境污染有关的疾病。《国家环境与健康行动计划(2007—2015)》提出，完善法律法规建设，将环境对健康的影响作为环境影响评价的必要内容，加强对健康危害的预防与控制；根据环境与健康工

作需要，结合我国具体国情，制订有关环境健康影响评价(environmental health impact assessment，EHIA)与风险评估等方面的标准[7]。

目前的建设项目和规划都要求有环境影响评价报告，但是其中都缺乏健康影响评价。访谈专家认为由于缺乏健康影响评价的相关技术人员和方法，就只能用定性分析的方法简单完成。这也在一定程度上导致了一些群体事件的发生，如 2007 年以来，针对 PX 项目，厦门、成都、南京、青岛等地相继出现的当地居民“集体散步”事件。

关于评估环境污染事件对人群健康造成的损害，原卫生部卫生法制与监督司曾于 1999 年起草了《环境污染健康影响评价规范》(征求意见稿)[10]，但是该文件仅发给相关单位征求意见，并没有真正的颁布实施。2008 年 4 月 1 日，原环保部发布了《环境影响评价技术导则 人体健康》(征求意见稿)，但是到目前也尚未正式出台[11]。

2. 环境影响评价中健康影响评价文件两次没有出台的原因分析

1) 关于《环境污染健康影响评价规范》(征求意见稿)

1999 年原卫生部卫生法制与监督司《环境污染健康影响评价规范》(征求意见稿)的编制起源于 20 世纪 90 年代的江苏宜兴肿瘤高发，当地居民认为是电镀厂和皮革厂产生的六价铬所致。尤其是宜兴市周铁镇，附近有 100 多家规模不同的化工企业，化工成为全镇的经济支柱。意识到癌症高发后，当地居民和企业产生了纠纷。于是原卫生部卫生法制与监督司以课题形式委托中国疾病预防控制中心环境监督所做健康影响评价规范，由白雪涛研究员牵头。研究团队试图查明肿瘤高发与六价铬之间的因果关系，认为：环境影响评价是利用可知的危险因素来推断可能的污染物水平，健康影响评价是利用可能的污染物水平，推断对人体健康所带来的伤害，也可以认为环境影响评价的输出口是健康影响评价的输入口。

访谈专家认为未正式发布的原因包括了制度、技术、人力、经济和民生等多重因素。具体有：①法律方面：完成环境健康影响评价之后，后续的措施需要一个上位条例来进行指导，但目前缺乏。②技术方面：健康影响评价的结果和结论有不确定性，环境影响评价是利用可知的危险因素来推断可能的污染物水平，健康影响评价是利用可能的污染物水平，推断对人体健康所带来的伤害，也可以认为环境影响评价的输出口是健康影响评价的输入口。③人力资源方面：健康影响评价是一个跨部门的问题，需要部门之间的协调合作，环境健康影响评价既需要环境方面的专家又需要健康方面的专家，但目前环保部门缺少健康方面的专家。④经济方面：事后评价的赔偿问题难以解决，评价经费来源也存在问题。⑤民生方面：工厂倒闭，工人失业。

2) 关于《环境影响评价技术导则 人体健康》(征求意见稿)

《环境影响评价技术导则 人体健康》(征求意见稿)出台过程：项目是由原环保部环评司委托北京大学医学部张金良教授牵头，2003 年开始做研究，2008 年发布了征求意见稿。项目的目标是采用定量分析的方法查明目前的污染情况，例如：有哪些污染物，产生了哪些效应，多年之后的污染情况又怎么样。

访谈专家认为《环境影响评价技术导则 人体健康》(征求意见稿)没有正式发布的原因包括技术原因、当时的经济环境和公众的认知等，具体有：①缺乏收集基础数据的合理标准。在收集基础数据的过程中要考虑收集这些基础数据的必要性、基础数据的可获得性和收集基础数据的周期。②技术导则不够具体，无法实施。建设项目的环境健康影响评价要根据建设项目具体的特点来做，出台的技术导则没有针对性。③关于大气的内容过多，而大气只是环境介质的一部分。④导则的起草需是跨学科团队，由环评专家牵头来做。需要具备环境和卫生的双重知识体系。⑤环评机构强烈反对，认为很难做并且成本很高。⑥不达标就要赔偿，应诉的成本很大。

4.2 其他健康风险评价

健康风险评价是指定条件下暴露于某特定化学物，考虑所关注的化学物固有特性以及特定靶系统固有特性，计算或估计人群发生健康风险的过程及其伴随的不确定性[12]。健康风险评价主要用于职业健康、食品安全、药物安全等方面的健康评估。

健康风险评价通常被限制在“围墙之内”，即被限制在风险和设备直接受到管理控制的地方，但也包括一些超出“围墙”之外的问题，如设备发生爆炸的风险，以及有毒化学物质的泄露[13]。而健康影响评价很大程度上处在“围墙之外”，通常排除职业健康和安全问题。

4.2.1 建设项目职业病危害评价

1. 建设项目职业病危害评价基本内涵及现状

由于职业病具有不可逆性和可预防性[14]，因此建设项目职业病危害预评价是指对可能产生职业病危害的建设项目，在其可行性论证阶段，对建设项目可能产生的职业病危害因素及其有害性与接触水平、职业病防护设施及应急救援设施等进行的预测性卫生学分析与评价。预评价主体必须是获得省级以上人民政府卫生行政部门资质认证的职业卫生评价机构[15]。客体原则上以拟建项目可行性研究报告中提出的建设内容为准，并包括建设项目建设施工过程职业卫生管理要求的内容。对于改建、扩建建设项目和技术改造、技术引进项目，评价范围还应包括建设单位的职业卫生管理基本情况以及所有设备设施的利旧内容。评价方法一般采用检查表法、类比法和定量分级法[16]。

预评价工作主要分三阶段：第一阶段根据建设项目提供的可行性报告及有关图纸等资料进行初步工程分析，筛选重点评价项目，编制评价大纲；第二阶段开展详细的工程分析和职业卫生调查，以相似的或模拟的生产现场进行实地考察和检测，用相关的国家标准和日常收集、积累的资料，对有害因素进行定量评价；第三阶段汇总分析第二阶段的资料、数据，给出评价结论，提出具体的整改措施和要求，编制《职业病危害预评价报告书》[17]。

除了职业病危害预评价之外，建设项目在竣工验收前或者试运行期间，建设单位还需进行职业病危害控制效果评价，编制评价报告。

2012 年前国家安全生产监督管理总局发布的《建设项目职业病危害风险分类管理目录》，列出了采矿业、制造业等七类可能存在职业病危害的主要行业。

2. 建设项目职业病危害评价相关法律法规

我国的建设项目职业病危害评价制度建立起步较晚。1994 年原卫生部发布了《工业企业建设项目卫生预评价规范》，标志着我国的建设项目职业病危害评价开始规范化。进入新世纪，中国的职业病危害评价进入快速发展阶段。2002 年 1 月颁布《中华人民共和国职业病防治法》，明确了“建设项目可能产生职业病危害的，建设单位在可行性论证阶段应当向卫生行政部门提交职业病危害预评价报告”，同时对职业病危害控制效果评价也提出了要求，建设项目职业病危害评价被纳入法律范畴，对于职业病前期预防有重大意义；同年 3 月，原卫生部发布了《建设项目职业病危害分类管理办法》，以及相配套的《职业病危害因素分类目录》和《建设项目职业病危害评价规范》；同年 5 月，国务院公布了《使用有毒物品作业场所劳动保护条例》；同年 7 月，原卫生部通过了《职业卫生技术服务机构管理办法》。由此，职业病危害评价在我国得以法律化、规范化发展。此后，《中华人民共和国职业病防治法》和《建设项目职业病危害分类管理办法》经过了数次修订，逐渐完善。2007 年原卫生部发布了《建设项目职业病危害预评价技术导则》，规定了建设项目职业病危害预评价的目的、基本原则、依据、内容、方法、程序和报告编制等。

2010 年，职业卫生监管部门职责进行了调整，由原国家安监总局负责新建项目的职业卫生“三同时”审查及监督检查。原国家安监总局 2017 年发布了《建设项目职业病防护设施“三同时”监督管理办法》，提出“建设单位对可能产生职业病危害的建设项目，应当依照本办法进行职业病危害预评价、职业病防护设施设计、职业病危害控制效果评价”。2018 年 3 月，根据第十三届全国人大会议批准的国务院机构改革方案，前国家安全生产监督管理总局的职业安全健康监督管理职责整合，由新组建的国家卫生健康委员会负责。

3. 建设项目职业病危害评价和健康影响评价的关系

职业病危害评价制度提出了“建设项目的职业病防护设施与主体工程同时设计，同时施工，同时投入生产和使用”的三同时规定，但只顾及了建设项目工作人员的职业病危害，并未涉及建设项目对周围居民可能造成的健康影响。在研究事前健康影响评价时，可以借鉴职业病危害预评价的方法和流程，实现从源头上控制污染源对人体造成的危害。

4.2.2 卫生技术评价

1. 卫生技术评估的定义及发展

卫生技术评估目前已成为国际通用的卫生决策工具。2002 年国际卫生技术评估机构认为，卫生技术评估是一个多学科的政策分析领域，其评估的内容包括：卫生技术的技术特性、临床安全性、有效性(效能、效果和生存质量)、经济学特性(成本-效果、成本-效益、成本-效用)和社会适应性(社会、法律、伦理)，通过对其进行全面系统的评价，为各层次的决策者提供合理选择卫生技术的科学信息和决策依据，对卫生技术的开发、应用、推广与淘汰实行政策干预，从而合理配置卫生资源，提高有限卫生资源的利用质量和效率[18]。

“技术评估”这个术语 1966 年在美国出现，1972 年美国国会通过了技术评估法案，并成立了技术评估办公室。1973 年美国技术评估办公室首次进行了卫生技术评估，并于 1976 年提交了第一份正式的卫生技术评估报告，标志着卫生技术评估的正式诞生[19]。美国技术评估办公室认为应把评估内容聚焦于卫生技术的安全性、有效性，并最终评估其成本效果价值。同期，卫生技术评估在欧洲得到迅速响应，欧洲学界许多研究组织通过大型会议推广和传播卫生技术评估的理念[20]。

我国卫生技术评估的研究工作开始较晚，在 20 世纪 80 年代引入技术评估的概念，近年来得到迅速发展。1994 年原卫生部在原上海医科大学建立首个医学技术评估研究中心。1997 年在华西医科大学成立了中国循证医学中心，该中心于 1999 年成为国际 Cochrane 协作网的合作中心，标志着我国卫生技术评估网络的雏形初步形成。2000 年原卫生部科教司正式成立了卫生技术管理处，作为重点资助研究促使卫生技术评估研究向政策转化。2004 年原卫生部同意复旦大学在医学技术评估中心基础上组建了卫生部卫生技术评估重点实验室。2012 年原卫生部审核通过原卫生部卫生发展研究中心关于建立国家卫生技术评估指导委员会的提议。2018 年 10 月国家卫生健康委员会建立“国家药物和卫生技术综合评估中心”，负责组织、协调、推动药物和适宜卫生技术评估项目实施，研究制订评估标准、评估质量控制指标体系。

2. 卫生技术评估的相关法律法规

我国卫生技术评估的政策体系正逐步确立。2016 年 9 月原国家卫生计生委等五部委出台的《关于全面推进卫生与健康科技创新的指导意见》和《关于加强卫生与健康科技成果转移转化工作的指导意见》中明确提出要建立卫生技术评估体系。《基本医疗卫生与健康促进法》(草案)中也涉及了卫生技术评估的有关内容。2018 年 8 月国务院办公厅发布的《关于改革完善医疗卫生行业综合监管制度的指导意见》提出“强化国家卫生技术评估支持力量，发挥卫生技术评估在医疗技术、药品、医疗器械等临床准入、规范应用、停用、淘汰等方面的决策支持作用”。随着新技术、新药品和新医疗器械不断出现，组织机构的成立及相关标准、政策的制定促进了中国卫生技术评估工作的进一步规范化发展[21]。

3. 卫生技术评估与健康影响评价的关系

综上所述，卫生技术评估包含了健康影响评价的相关内容，而健康影响评价的范围更广泛。卫生技术评估在我国已经发展了 20 多年，因此在完善健康影响评价指标体系的过程中，可以吸取卫生技术评估的经验和教训。两者属于卫生领域相互并行的两个方面，既要不断发展与完善卫生技术评估中人体健康的内容，又要加快建立适合中国国情的健康影响评价制度。

4.2.3　药物安全性评价

1. 药物安全性评价基本内涵及现状

药物作为疾病主要治疗手段之一，核心评价标准是“安全、有效、质量可控”。因此，除疗效外，药物的安全性也至为重要。最早提出药物安全性评价是缘于 20 世纪 30 年代开始的全球多起严重的药物中毒事件，如“反应停事件”。

药物安全性评价指通过动物试验和对人群的观察，阐明药物的毒性及潜在危害，以决定其能否进入市场或进入市场后阐明安全使用条件，以最大限度地减小其危害作用，保护人类健康。

2. 药物安全性评价相关法律法规

改革开放后，包括药物安全性评价在内的新药研制开始走向规范化和法制化。1985 年《中华人民共和国药品管理法》开始施行，2002 年 8 月国务院颁布了《中华人民共和国药品管理法实施条例》，同年国家药监局发布了《药品注册管理办法》。随后，《药物研究技术指导原则》也陆续发布。

药物安全性评价涉及三个阶段：新药研制的临床前试验研究、临床人体试验研究、新药批准上市后的不良反应监测[22]。

第一个阶段是临床前实验研究，主要针对实验室应用实验动物。《药品非临床研究质量管理规定(试行)》(good laboratory practice，GLP)在 20 世纪 80 年代开始起草，于 1993 年 12 月由原国家科学技术委员会颁布，这是我国加强药品安全性评价质量标准化建设的重要措施[22,23]。1998 年国家药监局成立，总结数年来的经验和教训，并参照发达国家和世界卫生组织的 GLP 原则，修订了 GLP，于 1999 年 10 月颁布。2002 年国家药监局颁布了《药品注册管理办法》，规定新药的安全性评价必须执行 GLP 的相关规定。2003 年《药物非临床研究质量管理规范》正式发布，配套的《药物非临床研究质量管理规范检查办法》(试行)等指导性文件也随即发布。

第二个阶段是药物上市前的临床实验，针对小样本的试验人群。1998 年 3 月《药品临床试验管理规范(试行)》(good clinical practice, GCP)由原卫生部颁布，用于规范药物临床试验的全过程[24]。原国家食品药品监管局对该规范进行修改，于 2003 年 9 月起正式实施。

第三个阶段是新药批准上市后，针对大样本社会人群。评估和量化药物不良反应的风险是上市后药物评价的主要目标。1989 年“卫生部药品不良反应监察中心”成立，1999 年更名为“国家药品不良反应监测中心”，《药品不良反应报告和监测管理办法》在 2004 年颁布，要求及时报告和监测药物上市后的不良反应，药品不良反应监测系统不断完善。

3. 药物安全性评价和健康影响评价的关系

和建设项目职业病危害评价一样，药物安全性评价也是被限制在“围墙之内”的健康风险评价，评价的对象是用药的动物和人群。药物安全性评价制度在经历了早期缓慢发展之后，在 21 世纪有了质的飞跃，并取得了较大的进展和成就，采用了一系列新技术和新方法，评价水平也得到了较大提高，并逐渐与国际接轨[25]。在研究事前和事后健康影响评价时，可以借鉴药物安全性评价的方法。

4.3　积极推进健康影响评价

从关注环境污染到覆盖人体健康，环境影响评价内涵的不断丰富，为研究健康影响评价制度提供了可资借鉴的宝贵经验。但是目前我国环境影响评价主要是针对空气、水、土壤、噪声等的影响进行预测和评估，对健康影响的评价普遍缺失。这种健康预测与评估机制的不完善，也导致许多政策、建设项目和规划的健康风险没有被准确评估，这在很大程度上成为导致健康损害事件频发的原因之一。

全面建立健康影响评价评估制度，系统评估各项经济社会发展规划和政策、重大工程项目对健康的影响是我们的最终目标。为达到此目标，我们需要对健康影响评价立法，在技术上对评价程序进行规范，要修订《环境影响评价技术导则　人体健康》等技术规范，建立健康影响评价专家库，并加强健康影响评价的监督管理。

中国是一个快速发展和转型中的国家，也是人口最多的国家，有自己独特的社会治理结构和政策环境。在快速变化的经济和社会环境中，要建立一个基于中国独特的制度和政策体系的健康影响评价制度，不仅需要借鉴其他国家在类似领域的发展经验，还特别需要借鉴我国环境影响评价、建设项目职业病危害评价、卫生技术评估、药物安全性评价等相关领域的政策实践，以中国发展的经验为基础，这样建构出来的制度体系才更符合中国的发展特征。

参 考 文 献

[1] 丁玉洁，刘秋妹，吕建华，等. 我国环境影响评价制度化与法制化的思考. 生态经济，2010, (6): 156-159.
[2] 周旭红，王瑛. 我国环境影响评价法律制度特点和发展趋势. 能源环境保护，2008, 22(1): 11-14.
[3] 中国环境保护产业协会环境影响评价行业分会. 环境影响评价行业 2016 年发展综述. 行业综述，2017, (6): 22-27.
[4] 国务院. 国务院关于修改《建设项目环境保护管理条例》的决定. http://www. gov.cn/zhengce/content/2017-08/01/content_5215255.htm[2017-10-24].
[5] 薛继斌. 中国环境影响评价立法与战略环境评价制度. 学术研究，2007, (9): 105-110.
[6] World Health Organization. Quantification of the Disease Burden Attributable to Environmental Risk Factors: China Country Profile. Geneva: WHO Press, 2009.
[7] 吴颖苗. 健康影响评价纳入环境影响评价初探. 中国环境科学学会学术年会论文集

(2014), 成都, 2014.
[8] 程红光. 将健康影响纳入环境影响评价. 人民日报[2013-4-13].
[9] 程红光, 王琳, 郝芳华. 将健康风险纳入环评可行性分析. 环境影响评价, 2014, (1): 22-25.
[10] 卫生部卫生法制与监督司. 环境污染健康影响评价规范(征求意见稿). 环境与健康杂志, 1999, 16(4): 248-256.
[11] 中华人民共和国环境保护部. 关于征求《环境影响评价技术导则 人体健康》(征求意见稿)国家环境保护标准意见的函. http://www.zhb.gov.cn/gkml/hbb/bgth/200910/ t20091022_174821.htm[2017-10-31].
[12] 中国疾病预防控制中心职业卫生与中毒控制所. 健康风险评估概述. http://www. niohp.net.cn/ zyb/201303/t20130329_79193.htm[2018-4-8].
[13] 马丁 · 伯利著. 健康影响评价理论与实践. 徐鹤，李天威，王嘉炜译. 北京：中国环境出版社, 2017.
[14] 李谊. 对开展建设项目职业病危害预评价工作的认识. 铁道劳动安全卫生与环境, 2003, 30(2): 59-61.
[15] 王志勇, 王心韬, 罗颖, 等. 建设项目职业病危害预评价的实践与认识. 海峡预防医学, 2005, 11(6): 64-68.
[16] 金泰廙. 职业卫生与职业医学.第 5 版. 北京：人民卫生出版社, 2003.
[17] 梅良英, 王景江, 王和平, 等. 论建设项目职业病危害预评价. 职业与健康, 2003, 19(11): 7-9.
[18] Banta H, Luce B. Health Care Technology and Assessment. New York: Oxford University Press, 1993.
[19] 陈洁, 陈英耀, 吕军, 等. 医学技术评估的概述. 中华医院管理杂志, 1998, 14(12): 706-708.
[20] 唐檬, 耿劲松, 刘文彬, 等. 全球卫生技术评估发展的历史与经验. 中国医院管理, 2014, 34(4): 6-9.
[21] 首届中国卫生技术评估大会在京召开. http://www.sohu.com/a/271596277_139908[2018-10-27].
[22] 叶祖光. 国际药物安全性评价的规范化现状. 世界科学技术, 1999, (1).
[23] 叶祖光, 张广平. 中药安全性评价的发展、现状及其对策. 中国实验方剂学杂志, 2014, 20(16): 1-6.
[24] 梁毅. 药品安全监管实务. 北京：中国医药科技出版社, 2017.
[25] 汪溪洁, 马璟. 药物安全性评价新技术和新方法研究进展. 中国医药工业杂志, 2017, 48(3): 341-350.

第 5 章　国际健康影响评价及其立法概述

5.1　健康影响评价实践的国际现状

目前，美国、加拿大、英国、瑞士等国家分别发布了健康影响评价指南，以指导和推进健康影响评价在本国的应用。各国的健康影响评价工作主要由公共卫生部门、非政府组织或者国际组织(如世界卫生组织、世界银行等)主导，应用于政策(如公共交通发展战略或住房援助政策等)、规划(如城市与区域规划等)和项目(如住房或道路开发等)三个层面，以系统地评价它们带来的潜在健康风险，其广泛涉及环境(空气、噪声、水和废弃物等)、产业(农业、能源、矿业、旅游等)、社会(文化、社会福利等)以及城市化(发展、住房、交通等)等多个领域[1]，是一种多学科、跨部门的影响评价工具。

健康影响评价按时间顺序分为前瞻性健康影响评价(政策、规划或者项目还未实施之前进行，目的是保护将来潜在受影响人群的健康)、回顾性健康影响评价(政策、规划或者项目已经实施，行为已经发生，破坏已经形成)和即时性健康影响评价，分别对尚未实施、已实施和正在实施的政策、规划或项目进行评价[2]。有学者认为前瞻性健康影响评价为影响评价，回顾性健康影响评价为影响评估，本书把二者统称为影响评价。

根据评价的深度和范围，又分为桌面/微型(desk-based)健康影响评价、快速(rapid)健康影响评价、深度(in-depth)健康影响评价等[3]。具体如表 5-1、表 5-2 所示。

表 5-1　评估深度的选择[4]

	桌面评估	快速评估	深度评估
性质	对可能的健康影响提供全方位概览	对可能的健康影响提供较为详细的信息	对潜在的健康影响提供综合评估
用途	用在政策发展早期阶段(如绿皮书)或有限的时间/资源上	最典型或最常使用的健康影响评价方法	提供健康影响的最可靠定义，但是不常用(是健康影响评价中的“金标准”)

续表

	桌面评估	快速评估	深度评估
评估方法	收集和分析现存已有的或可获得的数据	允许进行较为深入的健康影响调查，提高影响的可信度	多渠道、多方法收集与分析数据(质性方法、量化方法乃至参与者方法—利益相关者和/或他们的代表者和关键人物的参与)
花费时间	大约需要 2～6 周左右的时间	持续时间大约在 12 周左右	持续时间大约在 6 个月左右

表 5-2　三种类型适用的条件

条件	选择类型
完成报告的时间	如果少于 6 个月，可以选择桌面或快速评估
评估者	如果是内部的，可以选择桌面或快速评估
资助力度	如果资源允许，可以选择深度评估
政策是否是关键政策，是否有重大政策改变提议	如果是，选择深度评估
筛选是否提出政策变化或有潜在的健康影响	如果是，选择深度评估
与政策相关数据的可获得性	如果有较多数据，选择深度评估
公共利益	如果涉及较多的公共利益，选择深度评估

健康影响评价囊括了以下步骤：筛选(screening)，界定范围(scoping)研究，风险评估(risk assessment)，行动计划(health action plan)、执行及监控(implementation and monitoring)，绩效的评估和确认(evaluation and verification of performance and effectiveness)[3]。筛查是由政府部门快速判断政策、规划、项目的“健康关联”，确定是否会对人群健康产生影响。如果有潜在影响，则先界定范围，即由健康主管部门和主要利益相关者定义关键的健康问题和公共利益，确定职责范围，划定界限。随后，健康影响评价专业团队收集数据，确定受影响人群的数量、类型和影响途径。健康主管部门或其指定的独立咨询机构，以及其他相关政府部门做出书面总结，提出建议。如果政策、规划和项目在通过健康影响评价并实施后，由健康主管部门和相关主管部门跟踪监测实际影响[5](见图 5-1)。

Fehr 总结了包含健康影响评价的环境影响评价流程[6](见图 5-2)。完整的环境健康影响评价程序包括：项目分析、现状分析(地点、人群、背景)、评估预测(将来污染的预估和人群健康影响的预估)、评估总结、建议等。

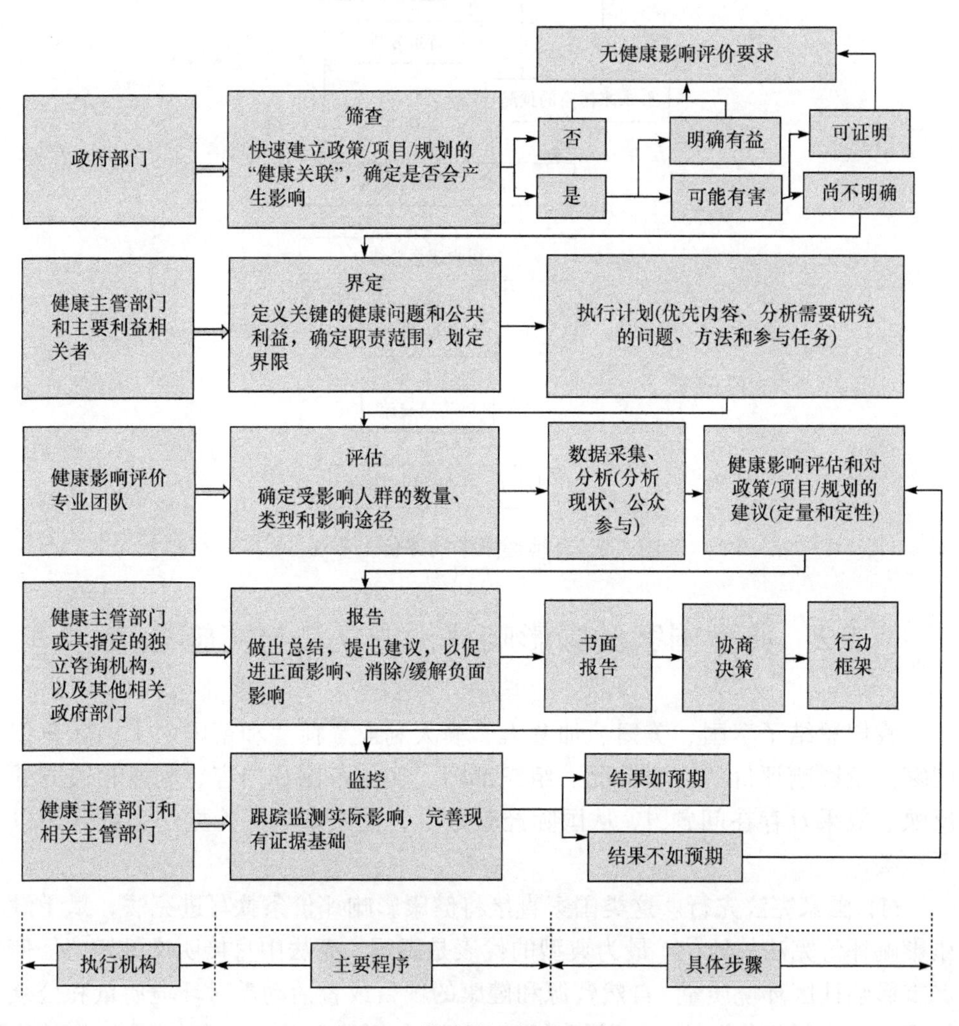

图 5-1　健康影响评价程序[①]

① 修改自：李潇．健康影响评价与城市规划．城市问题，2014，(5):15-21.

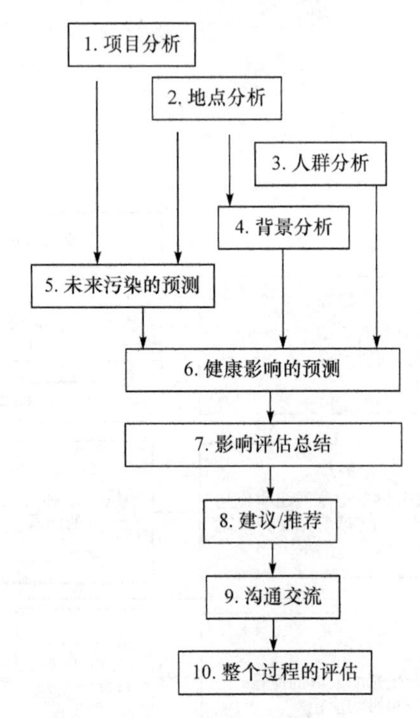

图 5-2　环境健康影响评价十步法

5.2　典型国家健康影响评价的立法与实施总结

我们总结了泰国、美国、加拿大、澳大利亚、荷兰和德国六个国际典型国家健康影响评价的立法情况、组织部门、实施范围和内容、利益相关方的反映、效果及存在问题[7]。从国际经验来看，健康影响评价立法大致分为以下三类。

(1) 国家宪法先行。这类国家直接将健康影响评价条款写进宪法，赋予健康影响评价宪法的地位。最为典型的代表是泰国，宪法中直接明文规定“任何严重影响社区环境质量、自然资源和健康的项目或者活动需对环境质量和公众健康影响进行评估”[8]，并以行政法和专门法(基本卫生法、环境评价法)的形式进一步明确健康影响评价的法律地位[9,10]，通过颁布配套的健康影响评价实施指南来指导具体的实施活动。

(2) 地方立法先行。这种方式主要出现在联邦制国家，其各州或各省分别以行政法规的形式规定本地区在项目、规划或政策实施中要进行健康影响评价的条款。最为典型的代表是加拿大和澳大利亚[11-13]。

(3) 环境影响评价立法中包含健康影响评价的条款。这是目前世界上大部分国家通行的一种健康影响评价立法方式。美国即采用的这一立法方法，美国的健康影响评价条款规定在国家环境政策法案(The National Environmental Policy Act，NEPA)之内[14]；同时，《住宅法案》、《清洁水法》、《安全饮用水法》等通过对住房、污水排放、公共饮用水供水系统等的规范管理，以求确保公众的身体健康[15,16]。而其实施则相对独立，主要由公共卫生部门(主要是疾病预防控制中心)、教育机构或者社会组织来负责执行。

表 5-3 列出了泰国、美国、加拿大、澳大利亚、荷兰和德国健康影响评价的立法现状、与环境影响评价立法的关系、健康影响评价执行机构及参与部门、费用来源及其特色。

表 5-3　典型国家健康影响评价立法情况

国家	HIA 立法	EIA 立法中包括 HIA	HIA 执行机构	其他部门的参与	HIA 费用来源	特点
泰国	《泰国宪法》 《国家健康法》	《国家环境质量法》	国家健康委员会，自然资源与环境部	卫生部， 卫生研究所， 国家健康大会	政府	(1) 宪法中规定了 HIA。 (2) 成立了专门的 HIA 执行部门。 (3) EHIA 的实施由环保部门主导。
美国	《住宅法案》 《健康场所法案》 《清洁水法》 《安全饮用水法》	《国家环境政策法案》	美国疾病预防控制中心	社会民间组织，教育机构等	罗伯特·伍德·约翰逊基金会， 皮尤慈善信托基金， 加州捐助会， 疾控中心， 地方政府	(1) HIA 发展早。 (2) 与环境有关的法律中均规定健康相关问题。 (3) HIA 实施领域广泛(政策、项目、规划以及环境都涉及)。 (4) 评估程序完善。 (5) 评估工具完备。
加拿大	《公共卫生法》	《联邦环境评价法》 各省《环境评价法》	联邦及各省公共卫生机构	联邦/省/特区环境和职业健康委员会	政府	(1) 以省为单位开展 HIA。 (2) 联邦政府起协调作用。 (3) 以魁北克省和不列颠哥伦比亚省为代表。
澳大利亚	《维多利亚州公共卫生条约》	《联邦环境保护法》 《塔斯马尼亚州环境影响评价法》	公共卫生机构	国家环境健康委员会	政府	推行聚焦平等的健康影响评价(equity-focused HIA)。
荷兰	《城市与环境条约》 《公共卫生条约》	《环境管理法》 《环境评价法》	城市公共卫生服务机构	环境影响评估委员会	政府	(1) 注重量化方法。 (2) 注重效果研究。

续表

国家	HIA 立法	EIA 立法中包括 HIA	HIA 执行机构	其他部门的参与	HIA 费用来源	特点
德国	《公共卫生法》	《环境评价法》	公共卫生机构	卫生研究机构	联邦研究与技术部门，欧洲委员会	(1) 整合的观点。 (2) 以量化方法为主，包括对于健康影响因素和健康效应的量化。 (3) 开发 Bielefeld 十步法。 (4) 概率模型的使用。

5.3　对我国健康影响评价制度的启示及立法建议

发达国家在健康影响评价及其立法方面已经有了大量实践，并发表了丰富的文献，这些国际实践和理论探讨，对研究建立我国的健康影响评价制度提供了积极有益的参考和启示。当前，我国正处于重要的战略机遇期，中国产业未来在国际上的竞争力应立足于绿色化、循环经济和低排放。我们需借鉴我国环境健康影响评价、职业病危害评价以及国际健康影响评价等的经验，按照国际经验并结合中国国情，可以采取在国家可持续发展议程创新示范区做健康影响评价立法试点，或者选取对人群健康影响明显的重点行业，或者重大影响(已经发生重大危害或者已经发生群体社会事件)的项目、规划或者政策，开展健康影响评价。我们主张把开展健康影响评价作为政策、规划出台的前提依据和重大建设项目立项批准的基础，甚至可以一票否决。

5.3.1　推动健康影响评价的地方立法

中国可以借鉴一些联邦制国家，通过地方立法对健康影响评价做出规定。但是，由于我国存在部门设置条块分割的问题，中央政府领导下的地方、行业或区域试点会遭遇地方层面很多部门没有立法动力和权力的问题。目前，国家可持续发展示范区的建立为健康影响评价的地方立法提供了契机。国务院于2016 年 12 月印发了《中国落实 2030 年可持续发展议程创新示范区建设方案》，拟在“十三五”期间，创建 10 个左右国家可持续发展议程创新示范区。2018 年 2 月国务院批复同意了深圳、太原、桂林等三个城市创建国家可持续发展议程创新示范区，深圳市同时提出了“健康深圳建设”工程。由于可持续发展议程创新示范区的建设将在新发展理念的指导下，推行政策先行先试、体制机制创新等，可以考虑以行政法规的形式制定本区在项目、规划或政策实施中要进行健康影响评价的条款，同时由地方疾病预防控制中心牵头制定技术规范，并建立健康影响评价专家库，在条件成熟后再向更大范围甚至全国推广。

5.3.2 健康影响明显的重点行业，或者重大影响的项目、规划或政策的健康影响评价立法

选取一些对人群健康影响明显的重点行业如火电、钢铁等先做起。对于评估的行业，需分步实施，不宜全面推开。另外，对于已经发生健康异常的地区，已经发生重大危害的项目、规划或政策进行事后健康影响评价。对于已经发生群体社会事件的项目、规划或政策进行前瞻性健康影响评价。

健康影响评价的国际实践和理论探讨对研究建立我国的健康影响评价制度提供了积极有益的参考。例如，健康影响评价改进了一些公共决策、规划和项目的制定，将人群健康置于更为重要的位置，健康优先成为一种价值导向和价值判断标准。目前我国对健康影响的评价普遍缺失，健康预测与评估机制不完善，许多政策、建设项目和规划的健康风险没有被准确评估，这在很大程度上成为导致健康损害事件频发的原因之一。因此，健康影响评价制度建设应及早提上议事日程，以避免更多健康损害的发生。

参考文献

[1] World Health Organization. Examples of HIA. http://www. who. int/hia/examples/en/[2017-10-23].

[2] Parry J, Stevens A. Prospective health impact assessment: Pitfalls, problems, and possible ways forward. British Medical Journal, 2001, 323(7322): 1177-1182.

[3] International Finance Corporation. Introduction to health impact assessment. Washington, DC: International Finance Corporation, 2009.

[4] Abrahams D, Broeder L d, Doyle C, et al. Policy health impact assessment for the European Union: Final project report. https: //ec. europa. eu/health/ph_projects/2001/monitoring/fp_ monitoring_ 2001_a6_frep_11_en. pdf[2017-11-3].

[5] 李潇．健康影响评价与城市规划．城市问题, 2014, (5): 15-21.

[6] Fehr R. Environmental health impact assessment: Evaluation of a ten-step model. Epidemiology, 1999, 10(5): 618-625.

[7] Kemm J. Health Impact Assessment: Past Achievement, Current Understanding, and Future Progress. Oxford: Oxford University Press, 2013.

[8] Constitution of the Kingdom of Thailand, B. E. 2550. http://www. asianlii. org/th/legis/ const/2007/1. html[2017-11-10].

[9] National Health Act, B. E. 2550. http://www. thailawforum. com/laws/National% 20Health% 20Act_2007. pdf[2017-11-1].

[10] The Enhancement and Conservation of National Environmental Quality Act, B.E. 2535.

http://thailaws. com/law/t_laws/tlaw0280. pdf[2017-11-10].

[11] Health Canada. Canadian Handbook on Health Impact Assessment. Ottawa: Health Canada, 2004.

[12] National Collaborating Centre for Healthy Public Policy. Health impact assessment. http://www. ncchpp. ca/54/Health_Impact_Assessment. ccnpps[2017-11-2].

[13] Committee on Health Impact Assessment, Board on Environmental Studies and Toxicology, Division on Earth and Life Studies, National Research Council. Improving Health in the United States: The Role of Health Impact Assessment. Washington, D C: The National Academics Press, 2011.

[14] Ross C L, Orenstein M, Botchwey N. Health Impact Assessment in the United States. New York: Springer Science & Business Media, 2014.

[15] 刘曼明. 美国安全饮用水法简介. 海河水利, 2002, (4): 68-69.

[16] 王兰, 蔡纯婷, 曹康. 美国费城城市复兴项目中的健康影响评估. 国际城市规划, 2017, (5): 33-38.

第 6 章　部分国家的健康影响评价及立法

本章介绍了泰国、美国、加拿大、澳大利亚、荷兰和德国健康影响评价的发展历程及其立法情况。

6.1　泰国健康影响评价

6.1.1　泰国健康影响评价发展历程

表 6-1 总结了泰国健康影响评价发展历程。

表 6-1　泰国健康影响评价发展历程

年份	事件
1997 年	独立的健康影响评价开始[1,2]。
2000 年	泰国国家卫生体制进行改革，要求非健康产业部门以及政策制定者在决策时要考虑健康问题；健康影响评价被看作是实现健康社会的一个机制[1]。 起草《国家健康法》，其中最主要的部分是健康影响评价条款[1]。
2002 年	国家卫生部设立卫生和健康影响评价部门(Division of Sanitation and Health Impact Assessment)，其职责主要负责明确健康影响评价体系以及促进健康的公共政策，重点是针对地方政府[3]。
2005 年	泰国国家经济与社会咨询委员会将健康影响评价规范提交给泰国内阁[4]。
2007 年	《泰国宪法》规定环境影响评价和健康影响评价在评估的过程中要举办公众听证会[5]；《国家健康法》出台，规定人们有权利参与政策制定过程中有关健康影响评价的活动[6]；同年，《国家发展计划 2007-2011》规定将健康整合入环境影响评价中，并且在主要领域的战略环境影响评价中考虑健康影响[4]。
2008 年	环境影响评价中的健康影响评价指南出台[7]。
2009 年	国家健康委员会出台了适用于所有健康影响评价的指南，并于 2016 年更新了指南[8,9]。

6.1.2　泰国健康影响评价制度简述

泰国的健康影响评价包括独立的健康影响评价和部分环境影响评价中的健康评价[10]。

1. 健康影响评价立法

在泰国，健康影响评价主要由三个法律框架下开展。

首先是 1992 年的《国家环境质量法》(The Enhancement and Conservation of National Environmental Quality Act，NEQ)，规定环境影响评价包括四个方面：物理和生物自然资源、环境、健康益处和生存质量[11]。但是环境影响评价中的健康报告除了简单的发病率、死亡率等的描述外，更多聚焦职业病危害评价。

其次是 2007 年的泰国宪法(Thai Constitution)，其第 67 项社区权力(community right)规定：禁止任何严重影响社区环境质量、自然资源和健康的项目或者活动，除非①已经评估了其对环境质量和公众健康的影响；②举办了公众听证会，咨询过公众及其他利益群体；③已经获取过独立机构的意见，此独立机构由环境和健康领域的私人组织和从事环境、自然资源或健康的高等教育机构的代表组成[5]。2010 年宪法第 67 项规定 11 类项目必须做环境健康影响评价。

第三是 2007 年正式出台的《国家健康法》(National Health Act，NHA)。2000 年开始的泰国卫生体制改革为泰国健康影响评价的发展提供了契机，同年泰国国家卫生体制改革办公室(National Health System Reform Office，HSRO)起草了《国家健康法》[1]。2001 年泰国卫生体制研究所(Health Systems Research Institute，HSRI)发起了健康影响评价研究，支持了很多项目的健康影响评价[1,2]。2007 年的《国家健康法》第 11 项规定个人或者团体有如下权力：①要求对公共政策进行健康影响评价；②在有潜在健康影响的政策或者项目获批前，有权力获得信息和解释；③有权力表达意见，个人或者团体被允许要求做独立于环境影响评价的健康影响评价。第 25 项授予国家健康委员会如下权力：提供监测和评估国家卫生系统的规则和程序；评估公共政策，包括政策制定和执行阶段[6]。

2. 健康影响评价负责机构

在法律框架下，有两个独立组织分别负责健康影响评价和环境健康影响评价。前者由国家健康委员会(National Health Commission)任命健康影响评价委员会，负责建立健康影响评价体系和程序；后者则由自然资源和环境部(Ministry of Natural Resources and Environment)的自然资源和环境政策和规划办公室(Office of Natural Resource and Environment Policy and Planning，ONEP)成立了秘书处，任命了专家委员会，负责审核环境影响评价报告。环境健康影响评价的开展必须在自然资源和环境部的规章制度下进行[12]。

泰国健康影响评价的开展需要各个部门的合作，不同部门有不同的职责和贡献[8](见表 6-2)。例如，自然资源与环境政策和规划办公室制定环境健康影响评价指南和手册，疾控部门在环境影响评价中为相关机构和利益相关者开展健康影响评价能力建设，国家经济和社会咨询委员会在战略层面为健康影响评价的应用程序发展概念和工具，将健康领域和其他领域链接起来。

表 6-2　泰国相关部门和组织在健康影响评价中的作用

	HSRI	NHCO	卫生部	疾控部门	ONEP	KPI/TEI	NESAC	HPPF
环境影响评价中的健康影响评价								
制定 EIA 中 HIA 指南和手册	支持			支持	核心			
在 EIA 和其他 IA 中应用和评估政府治理	支持			支持		核心		
在 EIA 过程中为相关机构和利益相关者开展 HIA 的能力建设	支持			核心	支持			
为参与 EIA 中 HIA 的相关方制定手册				支持	支持	支持	支持	核心
健康公共政策的健康影响评价								
在战略层面为 HIA 应用程序发展概念和工具	支持				支持		支持	核心
关联健康与其他领域	支持		支持				支持	核心
制定可选择性的政策数据库	支持		支持	支持			支持	核心
论坛信息交流和政策审议	支持	核心					核心	核心
制定政策过程分析的概念和方法	支持		支持					核心
促进健康和环境健康促进的公共政策发展			支持					
中央协调	核心	核心						核心

注：卫生体制研究所(Health System Research Institute，HSRI)；国家卫生体制改革办公室(国家健康委员会办公室)(National Health Commission Office，NHCO)；卫生部(Sanitation and Health Impact Assessment Division, Department of Health)；疾控局(Occupational and Environmental Health Bureau, Department of Disease Control)；自然资源与环境政策和规划办公室(Office of Natural Resource and Environment Policy and Planning，ONEP)；国王 Prajadhipok 研究所(King Prajadhipok's Institute，KPI)；泰国环境研究所(Thailand Environmental Institute，TEI)；国家经济和社会咨询委员会(National Economic and Social Advisory Council，NESAC)；健康公共政策基金会(Healthy Public Policy Foundation，HPPF)。

3. 健康影响评价相关指南

2008 年泰国自然资源和环境政策和规划办公室出台了环境影响评价中的健康影响评价指南，但是健康影响评价与环境影响评价的有效融合依然需要加强[7]。另外，环境健康影响评价的执行也有很多不足，尤其是在复杂部门的政策环境中[13]。2009 年国家健康委员会办公室(National Health Commission Office)出台了适用于所有健康影响评价的指南，并于 2016 年更新了指南[8,9]。近十余年来，这些健康影响评价指南指导和规范了泰国不同领域的健康影响评价，促进了公众健康[14-16]。

6.1.3 泰国健康影响评价存在的问题和障碍

综上所述，泰国已经建立了较完善的健康影响评价法律体系，也出台了相配套的规章制度，但是还面临着很多困难和挑战，例如：所有的利益相关者在健康影响评价的定义、程序和局限上需要达成共识；健康影响评价的基础数据、指标和标准需要更进一步完善；需要制定特殊项目的健康影响评价指南等[12,13]。泰国的健康影响评价尚处于早期发展阶段，需要更完善的制度和更多的实践活动。

6.2 美国健康影响评价

6.2.1 美国健康影响评价发展历程

表 6-3 总结了美国健康影响评价发展历程。

表 6-3 美国健康影响评价发展历程[17-19]

年份	事件
1901 年	纽约市通过了《住房条约》，旨在提高人们的健康、安全以及福利。这一目的实现主要是通过改善住户的光照和通风条件。
1916 年	纽约市起草了第一部《综合区划法规》，旨在城市生活中改善不利于人们健康与安全的因素。
1969 年	《国家环境政策法案》(National Environmental Policy Act，NEPA)出台，决策者开始在项目执行中考虑公众健康问题。
1999 年	生活工资条例(living wage ordinance)的健康影响评价在旧金山实施，是美国的第一个独立健康影响评价[20]。
2002 年	美国疾病预防控制中心举办了第一次健康影响评价研讨会。
2007 年	健康场所法案(Healthy Places Act)未获国会通过，这部法案旨在推动健康影响评价立法[21]。
2007 年	阿拉斯加州成功将健康影响评价引入环境评价中，在石油和天然气的开采中要求进行健康影响评价。
2008 年	华盛顿州要求对州 520 号公路大桥的替换开展健康影响评价，这是第一个被强制要求的健康影响评价。

续表

年份	事件
2008 年	第一次健康影响评价年会在奥克兰举办。
2009 年	《健康影响评价的最小条件和实践标准》(Minimum Elements and Practice Standards for Health Impact Assessment)出版[22]。
2011 年	国家研究委员会(National Research Council)出版了《改善美国公众的健康：健康影响评价的作用》[3]； 健康影响评价从业者联合会(Society of Practitioners of Health Impact Assessment，SOPHIA)成立。
2012 年	第一次国家健康影响评价年会在华盛顿召开。
2013 年	大约有 225 个健康影响评价实施。
2014 年	第一个健康影响评价行业综述出版，总结了交通规划方面的健康影响评价[23]。
2016 年	超过 380 个健康影响评价完成或正在实施。

6.2.2　美国健康影响评价制度简述

1. 健康影响评价立法

目前，美国没有独立的健康影响评价法案，健康影响评价存在于环境影响评价制度之中。21 世纪初期曾推动健康影响评价法案，但最终失败[21]。

美国的健康影响评价可以追溯到 20 世纪初。1901 年，纽约通过《住宅法案》，这部法案要求居民在建造住房时，必须有朝外的窗户、良好的通风、室内卫生间、防火安全，以及开放的院子，这部法案的通过旨在改善人们的公共卫生状况，保护人们的健康，成为健康影响评价的雏形。

1969 年，美国《国家环境政策法案》颁布，这部法律是世界上第一部对环境影响评价进行规定的法律。本法第二节第二条指出，对于人类环境质量具有重大影响的立法建议报告及其他主要联邦行动，应由负责官员提供以下有关的详细说明书：①拟提议行为的环境影响；②提案行为付诸实施时对环境所产生不可避免的不利影响；③提案行为的各种代替方案；④人类环境的一些局部短期的利用同长期保护改善之间的关系；⑤提案付诸实施时所产生的不可恢复、不可挽回的资源破坏。在同一条目中还规定，应将说明书向公众宣布。其中要求所有可能影响人类环境的联邦法律和主要行动计划都应完成环境影响报告书，且报告书中应包括对人体健康的影响评估[24]。

在逐步发展中，健康影响评价日益成为一项独立任务，不仅是环境影响评估的一部分，而且被应用于城市开发和再开发的过程中。1972 年，《清洁水法》是美国联邦管理地表水污染的第一个主要法律，它制定了控制美国污水排放的基本法规。《清洁水法》授予美国环保署建立工业污水排放的标准(基于技术)，并继续建立针对地表水中所有污染物的水质标准的权力。《清洁水法》的一个重要目的就在于保护人们的健康，其制定的背景也是基于人们的健康，条款中明确规定环保署有责制定污染物排放及处置的标准来保护人们及环境的健康[17,25]。

1974 年，《安全饮用水法》旨在通过对美国公共饮用水供水系统实行规范管理，以确保公众的身体健康。该法授权美国环保署建立基于保证人体健康的国家饮用水标准，以防止饮用水中的自然和人为的污染。该法建立了多道保护屏障，包括水源保护、水处理、配水系统一体化和公共信息的开发利用[26]。

2007 年，《健康场所法案》旨在推动健康影响评价立法，但未获国会通过。因为不同利益集团之间利益分配问题，在影响政策制定上有不同的声音[21]。

2. 健康影响评价负责机构

在美国，健康影响评价的作用在决策制定中不断增强。目前，健康影响评价没有成为一个独立的制度，而是在环境影响评价制度之下，其定义被包含在国家环境政策法案中。但是，在健康影响评价的实施方面是作为一个独立的部分，主要由公共卫生部门(主要是疾病预防控制中心)以及教育机构执行，有少部分是由社会组织来执行。健康影响评价虽然在美国有着强劲的发展势头，但是健康影响评价的实施在美国各州和各行业的差异都较大[27]，见图 6-1。健康影响评价在美国的资金支持来源主要有罗伯特 · 伍德 · 约翰逊基金会、皮尤慈善信托基金、加州捐助会、疾控中心和地方政府[28]。

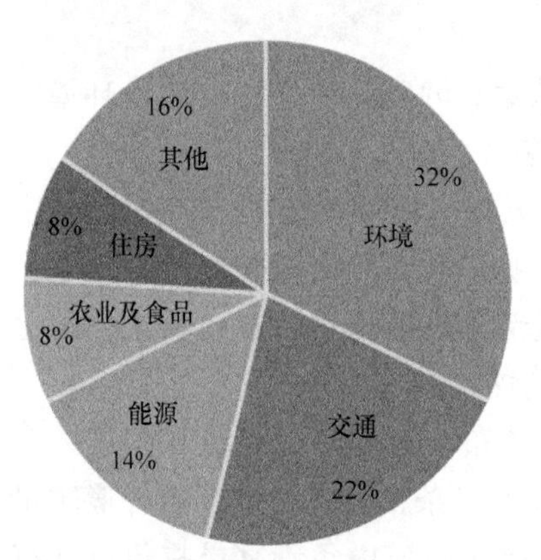

图 6-1 健康影响评价在不同行业中的分布

3. 健康影响评价相关指南

美国有多个健康影响评价相关指南。

2008 年加州大学洛杉矶分校健康影响评价学习和信息中心(UCLA Health Impact Assessment Clearinghouse Learning and Information Center)开发了一套详尽的健康影响评价手册[29]。

2008 年全国县市卫生官员联合会(National Association of County and City Health Officials)(代表地方卫生部门的全国组织)开发了一个健康影响评价的快速指南[30]。

2008 年为健康设计(Design for Health)组织(由明尼苏达大学、蓝十字和蓝盾共同发起)推出了快速健康影响评价工具包[31]。

2009 年北美健康影响评价实践标准工作组(North American HIA Practice Standards Working Group)推出了《健康影响评价的最小条件和实践标准》，并于 2010 年和 2014 年分别修订，成为健康影响评价最为核心、最重要的指南[22]。

2011 年人体健康伙伴(Human Health Partner)出版了健康影响评价的实用指南[32]。

另外，在 2011 年，国家研究委员会出版了《改善美国公众的健康：健康影响评价的作用》一书，该书成为美国实施健康影响评价的指南[3]。

6.2.3 美国健康影响评价存在的问题和障碍

对美国多个健康影响评价项目的评估发现，健康影响评价是促进公众健康的有力工具，因为健康影响评价能够影响非卫生部门的决策、加强部门合作、增强决策者对于健康问题的认识[33]。

美国的健康影响评价存在于环境影响评价制度之中，健康影响评价是否独立于环境影响评价成为一项独立的制度存在分歧。不同的州健康影响评价的实施情况不一样，有些地区对健康影响评价完全忽视[12]。虽然开展健康影响评价的领域众多，如交通、食品、能源等[23,34-37]，但是不同行业健康影响评价的评价标准不统一。

6.3 加拿大健康影响评价

6.3.1 加拿大健康影响评价发展历程

表 6-4 总结了加拿大健康影响评价发展历程。

表 6-4 加拿大健康影响评价发展历程

年份	事件
1992 年	《加拿大环境评价法》(Canadian Environmental Assessment Act)出台[38]； 加拿大联邦/省/特别行政区环境与职业健康委员会(Federal-Provincial-Territorial Committee on Environmental and Occupational Health)成立特别工作小组，小组的主要职责在于将健康纳入环境评价制度中[12]。

续表

年份	事件
1993 年	不列颠哥伦比亚省内阁将健康影响评价纳入了政策分析进程中[12]。
1995 年	加拿大联邦特别工作小组开始起草健康影响评价手册。 健康影响评价在不列颠哥伦比亚省被提到政策日程的优先位置[12]。
1999 年	出版了《加拿大健康影响评价手册》，共 3 卷[39]。
2001 年	魁北克省颁布了新的《公共卫生法》，有健康影响评价相关条款[40]。
2004 年	更新了 1999 年的《加拿大健康影响评价手册》，共 4 卷[39]。
2005 年	公共卫生项目国家合作中心成立，其中一项任务就是组织与协调不同地区之间健康影响评价实践经验的分享[12]。
2012 年	修订了《加拿大环境评价法》[38]。 世界健康影响评价会议在魁北克省召开[41]。

6.3.2 加拿大健康影响评价制度简述

加拿大的环境与健康领域主要由各省管辖，因而健康影响评价制度的发展和实施状况也因各省的管理不同而不同。在健康影响评价实施方面最具代表的两个省是不列颠哥伦比亚省以及魁北克省，这两个省把健康影响评价融入政策制定之中[42]。

1. 健康影响评价立法

1992 年，《环境评价法》这部法律将人体健康整合进了环境评价法律之中，健康不再仅指环境健康，而且也包括人体健康[12]。各省的《环境评价法》中都包括了与人体健康有关的条款[39]。

2001 年，魁北克省《公共卫生法》里规定了健康影响评价的相关条款[40]，要求政府部门确保出台的法规不能有损公众健康，对人群有重要影响的政策，必须咨询卫生部长。

不列颠哥伦比亚省健康促进办公室利用健康影响评价作为一个工具推动公共卫生政策。由此开启了健康影响评价在不列颠哥伦比亚省的先河，直至试图将其制度化，但最终没有制度化。主要原因在于政府换届，新上来的政府没能继续推动这项工作[12]。

2. 健康影响评价负责机构

加拿大的健康影响评价包含在环境影响评价里面。联邦及各省公共卫生机构负责健康影响评价的执行，其他负责部门包括加拿大联邦/省/特别行政区环境与职业健康委员会。

3. 健康影响评价相关指南

《加拿大健康影响评价手册》是加拿大在健康影响评价方面最主要的产出。1999 年出版，共 3 卷，2004 年更新的手册共 4 卷，是加拿大目前正在使用的一部手册。卷一主要是介绍为什么要在环境评价中考虑健康影响评价，健康影响评价的必要性是什么；卷二主要讲健康评估的方法与决策；卷三主要讲跨学科之间的团队合作，提出一些在传统中被忽略的概念；卷四主要讲健康影响评价在一些主要部门中的作用，如在工业部门中的作用[39]。

从全国来看，健康影响评价在加拿大有逐渐增长的势头，许多省都开展了各种不同形式的活动，如安大略省卫生与长期照护部以及公共卫生部就曾发起了健康平等影响评价框架(health equity impact assessment frameworks)等试验性的活动；马尼托巴省跨部门的儿童健康宣传部与马尼托巴大学合作在公共卫生项目中执行平等的健康影响评价(equity-focused HIA)等。各地区的卫生部门都加大了对健康影响评价从业人员的培训以及评价制度的施行，公共卫生机构在这个里面扮演着非常重要的作用，包括规则的制定。但是，从总体上来看，健康影响评价在加拿大只是“试验性的存在”，之所以出现这种状况，有人认为是因为加拿大公共卫生部门的指导思想“3I 理论”(ideas, institutions, interests)，具体来讲是考虑价值的重要性、规则、程序及政府之间的结构，以及谁来受益和投资[12]。

6.3.3　加拿大健康影响评价存在的问题与障碍

加拿大把健康影响评价融入环境影响评价有着成功的经验，整合评估(integrated assessment)在决策中发挥了重要作用[43]。一些省份的健康影响评价做得较好，如不列颠哥伦比亚省以及魁北克省，但就全国而言，健康影响评价的实践还需要进一步提升[44]。

健康影响评价包含在环境影响评价中，虽然出版了《加拿大健康影响评价手册》，但也只是理论性、原则性的规定，而且多数规定的都是环境影响评价的内容，专门针对如何进行健康影响评价的措施及具体实施方法较少[3]，尤其是透明、连续、可复制的方法[44]。在推动健康影响评价开展方面只有公共卫生部门，其他部门的参与不足。另外，资金支持力度不够，主要是政府方面从公共卫生角度的投入，缺少社会组织的支持[12]。

6.4 澳大利亚健康影响评价

6.4.1 澳大利亚健康影响评价发展历程

表 6-5 总结了澳大利亚健康影响评价发展历程。

表 6-5 澳大利亚健康影响评价发展历程

年份	事件
1974 年	澳大利亚《环境保护法》颁布，涉及人群健康[3]。
1994 年	澳大利亚国家健康与医学研究委员会出版了《国家环境与健康影响评价框架》，这本书第一次明确了健康在环境影响评估中的重要作用，并将健康整合进环境影响评价过程中，强调人类健康是受社会、心理、经济、生态以及物质等因素影响的[12]； 塔斯马尼亚州将健康影响评价写入环境影响评价法律中[45]。
1998 年	塔斯马尼亚州出版了有关指导当地政府实施公共卫生与环境卫生的手册[46]。
2000 年	在全国范围内发起了一个旨在将健康影响评价独立与环境影响评价的活动。这一活动得到了联邦研究机构项目的支持，但是，很快这一项目就被解散(解散原因不明)。虽然这一活动没有继续下去，但是对一些州在推行健康影响评价上起到了一定的作用[3,12]。
2001 年	国家环境健康委员会(enHealth Council)出版了《健康影响评价指南》[47]。
2004 年	澳大利亚健康公平影响评估合作组织(Australian Collaboration for Health Equity Impact Assessment)提出在澳大利亚建立健康公平影响评价及其框架(equity-focused HIA)[3,12]。
2008 年	维多利亚州将健康影响评价写进《公共卫生与福利法》中[48]。
2017 年	国家环境健康委员会更新了《健康影响评价指南》[49]。

6.4.2 澳大利亚健康影响评价制度简述

1. 健康影响评价立法

澳大利亚在联邦层面上，健康影响评价相关的法律规定较少。健康影响评价被认为是州和地方层面的立法事务，而非联邦这一层级[3]。虽然 1974 年的《环境保护法》中有人群健康相关的内容，但是评价范围有限[12]。

1994 年塔斯马尼亚州将健康影响评价写入《环境管理和污染控制法》(Environmental Management and Pollution Control Act，EMPCA)中[45]。这是澳大利亚第一次将健康影响评价列入立法条款[50]。该法规定如果公共卫生主任(director of public health)对某个项目提出要求，此项目的环境影响评价中必须开展对人群健康的影响评价。但是因为缺少人力、不同利益方的沟通困难等因素，在实践中受到很多阻碍[51]。

2008 年维多利亚州发布了《公共卫生与福利法》(Public Health and Wellbeing Act)，该法律授予健康工作者有实施健康影响评价的权力[48]。自 2007 年该州卫生部门开展了健康影响评价的能力建设[50]。

2. 健康影响评价负责机构

澳大利亚联邦政府成立了国家环境健康委员会，负责执行国家环境健康战略，同时致力于将健康融入环境影响评价[50]。

3. 健康影响评价相关指南

国家环境健康委员会 2001 年出版了《健康影响评价指南》，并在 2017 年更新了指南[47,49]。指南规定既要评价健康的不利影响，同时也需评价有利影响。

1998 年塔斯马尼亚州健康和人类服务部(Department of Health and Human Services)出版了指导当地政府实施公共卫生与环境卫生的手册。这部手册强调了环境风险对健康的影响，风险监管以及风险评估[46]。

6.4.3　澳大利亚健康影响评价存在的问题和障碍

在澳大利亚，健康影响评价作为环境影响评价的一部分，在政策、项目以及规划中都有应用[52,53]。一些利益相关方希望将健康影响评价从环境影响评价中剥离出来成为单独的评估主体。但是，由于各方利益的不同，健康影响评价很难独立实施[12]。另外，澳大利亚健康影响评价的发展受各州和地方优先权设置的影响[50]。

总之，澳大利亚健康影响评价相关的法律规定较少，健康影响评价能否作为一个主体独立实施仍存在争议。虽然澳大利亚健康影响评价理论论证较多，但是在具体实施方面不是很乐观，实践仍然不足[12]。

6.5　荷兰健康影响评价

6.5.1　荷兰健康影响评价发展历程

表 6-6 总结了荷兰健康影响评价发展历程。

表 6-6 荷兰健康影响评价发展历程

年份	事件
1992 年	鹿特丹市公共卫生部门的负责人 Ernst Roscam Abbing 在一份全国性的报纸上刊文，质疑当地机场的扩建为什么开展环境影响评价而不是健康影响评价[12]。
1995 年	在政策文件《国家卫生政策框架 1995-1998》(Safe and Sound Framework for the National Health Policy 1995-1998)中，卫生部长宣布要为健康影响评价的发展做出实际支持[54]。成立了全国健康影响评价支持部门：设立在荷兰公共卫生学校的跨部门政策办公室(Intersectoral Policy Office)。但是机构在 2003 年被撤销。
2001-2002 年	欧盟战略环境影响评价指南(Strategic Environmental Assessment Directive, Directive 2001/42/EC)和荷兰 2002-2006 健康和环境行动计划，促进了荷兰环境影响评价中对健康的关注[55]。
2005 年	国家公共卫生和环境研究所(National Institute for Public Health and the Environment, RIVM)出版了健康影响评价指南。
2008 年	荷兰五部委联合发出了 2008-2012 全国环境和健康行动计划(National Action Plan for Environment and Health 2008-2012)[56]。

6.5.2 荷兰健康影响评价制度简述

1. 健康影响评价立法

荷兰的健康影响评价没有明确的立法，更多依赖于管理规定(administrative agreements)。

有一些法律潜在地促进了健康影响评价的应用，如 2002 年的公共卫生法(Public Health Act)，此法要求地方政府检查当地政策的健康效应，但没有具体的指南，更没有提健康影响评价。2006年的城市和环境法(City and Environment Act)对环境脆弱地区的基础设施规划做了规定，要求对人群健康开展健康评价[12]。

在国家政策的制定中，健康考虑更多的是相互妥协，而不是单一健康影响评价方法的应用。例如，部长理事会(Ministerial Board)讨论一些新政策时，卫生福利和运动部可以质疑其他部委政策的健康影响。一般来说，健康和健康影响评价并不是其他部委最优先考虑的内容[57]。

环境影响评价和战略环境影响评价立法中规定了健康影响评价，但是没有相应的健康影响评价程序、工具和指标，并且环境范畴之外的健康影响评价没有法律规定。唯一的例外是 2010 年交通部要求将健康影响评价城市和环境工具(HIA city and environment tool)、伤残调整寿命年(disability-adjusted life year，DALY)指标用于道路基础设施建设的环境影响评价中[12]。

2. 健康影响评价负责机构

1995 年荷兰卫生部成立了全国健康影响评价支持部门，即设立在荷兰公共卫生学校的跨部门政策办公室[54]。健康影响评价主要针对全国性的政策，包括烟草政策、医疗保险政策、住房政策等。但是由于经济危机的出现，2003 年这一机构被撤销，健康影响评价转向地方应用[12]。

3. 健康影响评价相关指南

在荷兰，有一些健康影响评价工具和方法用于不同的目的和情境[12]。2005 年，国家公共卫生和环境研究所出版了健康影响评价指南，包含了具体的方法和健康影响评价列表。

6.5.3　荷兰健康影响评价存在的问题与障碍

荷兰没有健康影响评价综合立法。近些年，环境健康影响评价方法逐渐开始拓展，从传统的环境因素开始转向诸如生活方式、社会融合和设施的可及性等，而地方公共卫生部门也开始关注空间规划等方面[58,59]。荷兰卫生、福利和体育部(Ministry of Health, Welfare and Sports)倡议健康融入所有政策，强调增进健康，减少健康风险[60]。但是对政策或者规划早期阶段存在的潜在健康影响，公共卫生专业人员和机构缺乏有效应对策略[12]。

6.6　德国健康影响评价

6.6.1　德国健康影响评价发展历程

表 6-7 总结了德国健康影响评价发展历程。

表 6-7　德国健康影响评价发展历程

年份	事件
1989 年	第一篇呼吁健康影响评价的文章在德国出现[61]。
1990 年	德国通过了环境影响评价法(German Environmental Impact Assessment Act)。
1992 年	德国卫生部长大会(Conference of German Ministers of Health)批准了环境影响评价中加入健康影响评价的决议。
1993 年	第一个德国健康影响评价研讨会举行。
1999 年	环境健康影响评价程序(Bielefeld 方法)作为六个健康影响评价模型之一，写入哥德堡讨论文件[62]。
2001 年	德国全国健康影响评价研讨会开幕，标志着环境影响评价和健康影响评价专家结盟的开始[63]。
2004 年	欧洲政策的健康影响评价指南出版，德国专家参与编写[64]。

6.6.2　德国健康影响评价制度简述

1. 健康影响评价立法

1992 年环境影响评价中加入健康影响评价。从此，德国开展了很多对项目、规划和政策的健康影响评价，包括就业政策、水务私有化政策、烟草政策、交通政策、土地规划、住房补贴项目、垃圾填埋场的扩展、高速公路等[65-68]。

德国部分州有健康影响评价立法[63]。开展健康影响评价往往和环境影响评价密切相关。

2. 健康影响评价负责机构

德国的健康影响评价包含于环境影响评价的范畴之中。资助机构主要为政府部门如联邦科技部(Federal Ministry of Research and Technology)以及欧盟委员会[12]。

3. 健康影响评价相关指南

德国健康影响评价官方的评估程序是在环境部门确立，而不是卫生部门。德国环境影响评价和战略环境影响评价开展的同时伴随着健康影响评价，例如：在德国汉堡，1990～2003 年大约有 170 个项目实施了环境影响评价，全都包括了卫生部门的参与。战略环境影响评价的指南中都提到了健康，但是很少明确如何评估健康，应该咨询谁，什么时候健康专家介入[69]。

一系列的健康影响评价方法被开发，如 Fehr 总结的包含健康影响评价的环境影响评价流程(Bielefeld 方法)[70]。

6.6.3　德国健康影响评价存在的问题与障碍

德国对国际健康影响评价研究的贡献在于整合的观点(与环境影响评价、战略环境影响评价、社会影响评价和可持续性评价密切相关)[71]，以及评价的定量化，包括对健康影响因素和健康效应的量化及概率模型的使用[72,73]。

总的来说，德国环境影响评价和战略环境影响评价对于健康影响评价的涉及仍然有限。大部分的健康影响评价，公众参与少甚至没有[12]。

参 考 文 献

[1] Phoolcharoen W, Sukkumnoed D, Kessomboon P. Development of health impact assessment in Thailand: Recent experiences and challenges. Bulletin of the World Health Organization, 2003, 81(6): 465-467.

[2] Kanchanachitra C, Podhisita C, Archavanichkul K, et al. Thai health 2011: HIA: A mechanism for healthy public policy. Nakhon Pathom: Institute for Population and Social Research, Mahidol University, 2010.
[3] Committee on Health Impact Assessment, Board on Environmental Studies and Toxicology, Division on Earth and Life Studies, National Research Council. Improving Health in The United States: The Role of Health Impact Assessment. Washington, DC: The National Academics Press, 2011.
[4] Jindawatthana A, Sukkumnoed D, Pengkam S, et al. HIA for HPP towards healthy nation: Thailand's recent experiences. Nonthaburi, Thailand: National Health Commission Office, 2008.
[5] Constitution of the Kingdom of Thailand, B.E. 2550. http://www. asianlii. org/th/legis/const/2007/1. html[2017-11-10].
[6] National Health Act, B.E. 2550. http://www. thailawforum. Com/laws/National%20 Health%20Act_2007. pdf[2017-11-1].
[7] Chanchitpricha C, Bond A. Investigating the effectiveness of mandatory integration of health impact assessment within environmental impact assessment (EIA): A case study of Thailand. Impact Assessment and Project Appraisal, 2018, 36(1): 16-31.
[8] Chanchitpricha C. Effectiveness of health impact assessment (HIA) in Thailand: A case study of a potash mine HIA in Udon Thani, Thailand. PhD thesis. Norwich: University of East Anglia, 2012.
[9] National Health Commission Office. Announcement No.2 of National Health Commission on rules and procedures for the health impact assessment of public policies B.E. 2559 (2016). Nonthaburi: National Health Commission Office, 2016.
[10] Pengkam S. Revitalizing Thailand's community health impact assessment. Bangkok: Health Impact Assessment Coordinating Unit, National Health Commission Office, Thailand, 2012.
[11] The Enhancement and Conservation of National Environmental Quality Act, B.E. 2535. http://thailaws.com/law/t_laws/tlaw0280.pdf[2017-11-10].
[12] Kemm J. Health Impact Assessment: Past Achievement, Current Understanding, and Future Progress. Oxford: Oxford University Press, 2013.
[13] Thepaksorn P, Siriwong W, Pongpanich S. Integrating human health into environmental impact assessment: Review of health impact assessment in Thailand. Applied Environmental Research, 2016, 38(1): 61-73.
[14] Chanchang C, Sithisarankul P, Supanitayanon T. Environmental and health impact assessment for ports in Thailand. International Maritime Health, 2016, 67(2): 112-116.
[15] Juntarawijit C, Juntarawijit Y, Boonying V. Health impact assessment of a biomass power plant using local perceptions: Cases studies from Thailand. Impact Assessment and Project Appraisal, 2014, 32(2): 170-174.
[16] Sukmag P. Health impact assessment of public park for physical activity: A case study of Betong Municipality, Yala Province, Thailand. Journal of Physical Activity & Health, 2018, 15(10): S242.
[17] Ross C L, Orenstein M, Botchwey N. Health Impact Assessment in the United States. New

York: Springer Science & Business Media, 2014.

[18] Dannenberg A. A brief history of health impact assessment in the United States. Chronicles of Health Impact Assessment, 2016, 1(1): 1-8.

[19] Harris-Roxas B, Viliani F, Bond A, et al. Health impact assessment: The state of the art. Impact Assessment and Project Appraisal, 2012, 30(1): 43-52.

[20] Bhatia R, Katz M. Estimation of health benefits from a local living wage ordinance. American Journal of Public Health, 2001, 91(9): 1398-1402.

[21] Obama B. S. 1067 — 110th Congress: Healthy Places Act of 2007. https://www. govtrack. us/congress/bills/110/s1067[2019-8-1].

[22] Bhatia R, Farhang L, Heller J, et al. Minimum elements and practice standards for health impact assessment, version 3. https://hiasociety. org/resources/Documents/HIA-Practice-Standards-September-2014. pdf[2019-8-1].

[23] Dannenberg A L, Ricklin A, Ross C L, et al. Use of health impact assessment for transportation planning: Importance of transportation agency involvement in the process. Transportation Research Record, 2014, 2452(1): 71-80.

[24] The National Environmental Policy Act of 1969. https://www. fws. gov/r9esnepa/RelatedLegislativeAuthorities/nepa1969. PDF[2018-8-2].

[25] 喻文光. 德国水务私有化及其监管. 行政法学研究, 2005, (3): 19-28.

[26] 刘曼明. 美国安全饮用水法简介. 海河水利, 2002, (4): 68-69.

[27] Health Impact Project. The rise of HIAs in the US. Washington, DC: Pew Charitable Trusts, 2013.

[28] Rhodus J, Fulk F, Autrey B, et al. A review of health impact assessments in the U.S.: Current state-of-science, best practices, and areas for improvement. Cincinnati: U.S. Environmental Protection Agency, 2013.

[29] Fielding J, Cole B L. UCLA HIA Training Manual. Los Angeles: UCLA Health Impact Assessment Clearinghouse Learning and Information Center, 2008.

[30] National Association of County and City Health Officials. Health impact assessment: Quick guide. Washington, DC: National Association of County and City Health Officials, 2008.

[31] Design for Health. Rapid health impact assessment toolkit, version 3.0. http://designforhealth. net/wp-content/uploads/2012/12/BCBS_Rapidassessment_011608. pdf[2019-8-1].

[32] Bhatia R. Health impact assessment: A guide for practice. Oakland, CA: Human Impact Partners, 2011.

[33] Bourcier E, Charbonneau D, Cahill C, et al. An evaluation of health impact assessments in the United States, 2011-2014. Preventing Chronic Disease, 2015, 12: 140376.

[34] Cowling K, Lindberg R, Dannenberg A, et al. Review of health impact assessments informing agriculture, food, and nutrition policies, programs, and projects in the United States. Journal of Agriculture, Food Systems, and Community Development, 2017, 7(3): 139-157.

[35] Gase L N, DeFosset A R, Gakh M, et al. Review of education-focused health impact assessments conducted in the United States. Journal of School Health, 2017, 87(12):

911-922.

[36] Waheed F, Ferguson G M, Ollson C A, et al. Health impact assessment of transportation projects, plans and policies: A scoping review. Environmental Impact Assessment Review, 2018, 71: 17- 25.

[37] Nkyekyer E W, Dannenberg A L. Use and effectiveness of health impact assessment in the energy and natural resources sector in the United States, 2007 – 2016. Impact Assessment and Project Appraisal, 2019, 37(1): 17-32.

[38] Minister of Justice, Canada. Canadian Environmental Assessment Act, 2012. https:// laws-lois. justice. gc. ca/PDF/C-15. 21. pdf[2018-1-2].

[39] Health Canada. Canadian Handbook on Health Impact Assessment. Ottawa: Health Canada, 2004.

[40] Government of Québec. Public Health Act. http://legisquebec. gouv. qc. ca/en/ ShowDoc/ cs/S-2. 2[2018-1-2].

[41] National Collaborating Centre for Healthy Public Policy. Health impact assessment. http:// www. ncchpp. ca/54/Health_Impact_Assessment. ccnpps[2017-11-2].

[42] Kemm J, Parry J, Palmer S. Health Impact Assessment: Concepts, Theory, Techniques and Applications. Oxford: Oxford University Press, 2004.

[43] Orenstein M, Fossgard-Moser T, Hindmarch T, et al. Case study of an integrated assessment: Shell's north field test in Alberta, Canada. Impact Assessment and Project Appraisal, 2010, 28(2): 147-157.

[44] McCallum L C, Ollson C A, Stefanovic I L. Advancing the practice of health impact assessment in Canada: Obstacles and opportunities. Environmental Impact Assessment Review, 2015, 55: 98-109.

[45] Government of Tasmania. Environmental Management and Pollution Control Act 1994 (EMPCA). https://epa. tas. gov. au/policy/acts-regulations/empca[2017-12-1].

[46] Manual for local government. Hobart: Department of Health and Human Services, Tasmania, Australia, 1998.

[47] enHealth (enHealth Council). Health Impact Assessment Guidelines. Canberra: Commonwealth of Australia, 2001.

[48] The Parliament of Victoria. Public Health and Wellbeing Act 2008. http://www. legislation. vic.gov.au/Domino/Web_Notes/LDMS/PubStatbook.nsf/f932b66241ecf1b7ca256e92000e23be/ 8B1B293B576FE6B1CA2574B8001FDEB7/$FILE/08-46a. pdf[2018-7-29].

[49] enHealth (enHealth Council). Health Impact Assessment Guidelines. Canberra: Commonwealth of Australia, 2017.

[50] Harris P, Spickett J. Health impact assessment in Australia: A review and directions for progress. Environmental Impact Assessment Review, 2011, 31(4): 425-432.

[51] Mahoney M. Imperatives for policy health impact assessment : Perspectives, positions, power relation. PhD thesis. Melbourne: Deakin University, 2009.

[52] Haigh F, Harris E, Chok H N G, et al. Characteristics of health impact assessments reported in Australia and New Zealand 2005-2009. Australian and New Zealand Journal of Public Health, 2013, 37(6): 534-546.

[53] Harris P, Riley E, Sainsbury P, et al. Including health in environmental impact assessments of three mega transport projects in Sydney, Australia: A critical, institutional, analysis. Environmental Impact Assessment Review, 2018, 68: 109-116.

[54] Safe and sound: Framework for the national health policy 1995-1998 (Parliamentary document 24126, No 3.). The Hague: Ministry of Health, Welfare and Sports, 1995.

[55] Action programme for health and environment: Development of a policy reinforcement (Parliamentary document 28 089, No. 2). The Hague: Ministry of Housing, Spatial Planning and the Environment, 2002.

[56] National approach environment and health 2008-2012. The Hague: Ministry of Housing, Spatial Planning and the Environment, 2008.

[57] Vries de L. Letter to the Minister on national policy infrastructure & space. Utrecht: National Health Services, 2011.

[58] Huynen M M, Martens P. Climate change effects on heat- and cold-related mortality in the Netherlands: A scenario-based integrated environmental health impact assessment. International Journal of Environmental Research and Public Health, 2015, 12(10): 13295-13320.

[59] Schram-Bijkerk D, van Kempen E, Knol AB, et al. Quantitative health impact assessment of transport policies: Two simulations related to speed limit reduction and traffic re-allocation in the Netherlands. Occupational and Environmental Medicine, 2009, 66(10): 691-698.

[60] Being healthy and staying healthy: A vision of health and prevention in the Netherlands. The Hague: Ministry of Health, Welfare and Sports, 2007.

[61] Wodarg W. Die Gesundheitsverträglichkeitsprüfung (GVP)-eine präventivmedizinische Aufgabe der Gesundheitsämter. Öffentl Ges wesen, 1989, 51: 692-697.

[62] Diwan V, Douglas M, Karlberg I, et al. Health impact assessment: From theory to practice. Leo Kaprio Workshop, Göteborg, 1999.

[63] Abrahams D, Broeder Ld, Doyle C, et al. Policy health impact assessment for the European Union: Final project report. https://ec. europa. eu/health/ph_projects/2001/monitoring/ fp_monitoring_2001_a6_frep_11_en. pdf[2017-11-3].

[64] Abrahams D, Pennington A, Scott-Samuel A, et al. European policy health impact assessment: A guide. https://ec.europa.eu/health/ph_projects/2001/monitoring/fp_monitoring_2001_a6_frep_11_en. pdf[2018-8-3].

[65] Fehr R, Mekel O, Lacombe M, et al. Towards health impact assessment of drinking-water privatization: The example of waterborne carcinogens in North Rhine-Westphalia (Germany). Bulletin of the World Health Organization, 2003, 81(6): 408-414.

[66] Haigh F, Mekel O, Fehr R, et al. Pilot health impact assessment of the European Employment Strategy in Germany. http://ec. europa. eu/health/ph_projects/2001/monitoring/ fp_monitoring_2001_a1_frep_11_en. pdf[2017-11-12].

[67] Terschuren C, Mekel O C, Samson R, et al. Health status of 'Ruhr-City' in 2025—predicted disease burden for the metropolitan Ruhr area in North Rhine-Westphalia. European

Journal of Public Health, 2009, 19(5): 534-540.

[68] Mekel O, Sierig S, Claßen T. Feasibility study of HIA (health impact assessment) on road traffic noise induced health effects on children. Pollution Atmosphere, 2012: 343-352.

[69] Nowachi J, Martuzzi M, Fischer T B. Health and strategic environmental assessment. Rome: WHO Europe, 2011.

[70] Fehr R. Environmental health impact assessment: Evaluation of a ten-step model. Epidemiology, 1999, 10(5): 618-625.

[71] Fehr R, Viliani F, Nowacki J, et al. Health in impact assessments: Opportunities not to be missed. Copenhagen: WHO Regional Office for Europe, 2014.

[72] Schoenbach J K, Thiele S, Lhachimi S K. What are the potential preventive population-health effects of a tax on processed meat? A quantitative health impact assessment for Germany. Preventive Medicine, 2019, 118: 325-331.

[73] Fischer F, Kraemer A. Health impact assessment for second-hand smoke exposure in Germany-quantifying estimates for ischaemic heart diseases, COPD, and stroke. International Journal of Environmental Research and Public Health, 2016, 13(2): 198-208.

第四部分　健康影响评价案例

第 7 章　泰国松文钾矿项目的健康影响评价

泰国独立健康影响评价的萌芽始于 1997 年[1,2]，当年的宪法鼓励公众参与决策和资源分配。2001 年泰国卫生体制研究所发起了健康影响评价研究以支持卫生体制改革，建立了“健康的公共政策和健康影响评价研究发展项目”(Research and Development Programme on Healthy Public Policy and Health Impact Assessment System (HPP–HIA Project))，支持了很多项目的健康影响评价[2]，包括泰国松文钾矿开采项目的健康影响评价。

作为发展中国家，泰国已经在健康影响评价的制度建设和具体实施方面积累大量的经验，本部分介绍松文钾矿项目的健康影响评价过程，希望对于中国健康影响评价制度的建设有一定的借鉴意义。

本案例在 2007 年的泰国宪法和《国家健康法》颁布之前开展，是泰国政府第一次将健康影响评价结果作为决定项目是否开工的依据之一。松文钾矿健康影响评价相关事件见图 7-1。

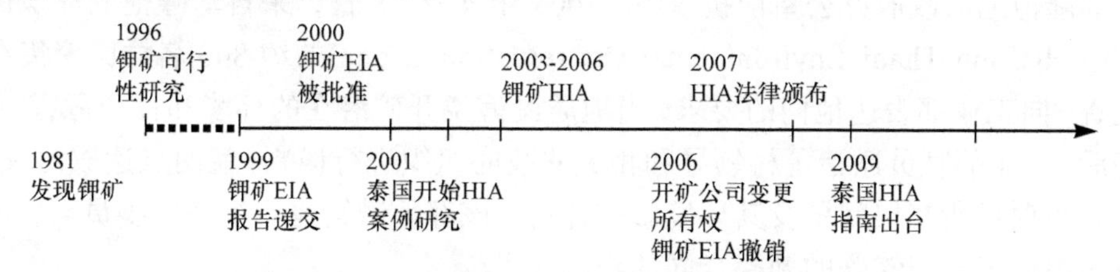

图 7-1　松文钾矿健康影响评价相关事件

7.1　项 目 背 景

7.1.1　乌隆他尼府钾矿的发现及其开采计划

1981 年在泰国的乌隆他尼府(Udon Thani Province)发现了高质量的钾矿(包括松文钾矿以及距其 6 公里的 Udon 钾矿)，因其质量高、储藏深度低、开采成本低，被称为世界级的钾盐资源。钾盐储藏总占地 2500 公顷，包含约 2.25 亿吨西尔维矿石[3]。

1998 年亚太钾肥公司(Asia Pacific Potash Corporation, APPC)完成了可行性研究，钾矿储藏预计有 20～25 年开采期，年均产量 200 万吨，90%的产品将销往化肥厂，其余的作为洗洁精、肥皂、玻璃等的原材料。亚太钾肥公司已计划在该矿投资约 6.45 亿美元，总收入预计达到 60 亿美元[3]。500 万吨的废料将被埋于地下，这个过程将花费 22 年。此项目开工后能使泰国成为亚洲最大的钾盐生产国，全球排名第三，仅次于加拿大和俄罗斯[4]。

亚太钾肥公司属于加拿大温哥华的亚太资源有限公司(Asia Pacific Resources Ltd，APR，占 90%)和泰国政府(占 10%)，2006 年 6 月成为 100%泰国拥有的公司[5]。亚太钾肥公司在乌隆府拥有 85,000 公顷的勘探和开采特许权。

7.1.2　当地居民抗议

1999 年 5 月亚太钾肥公司向泰国自然资源与环境政策和规划办公室递交了环评报告，2000 年 12 月被批准[5]。松文钾矿项目涉及 40 个村庄，共约三万居民[6]。在环评报告被批准前，当地居民已经开始反对此项目，担心开矿会导致土地大面积沉降、农田和地下水污染，并祸及后代[3]。1993 年 APPC 勘探调查期间，第一次抗议活动发生在矿区，随后，地方反对开矿的势头迅猛。村民曾前往曼谷向加拿大使馆提交请愿书，要求加拿大公司应按照加拿大要求遵守相同的社会和环境标准[3]。

2002 年 4 月，为了拿到环评报告，约 900 位村民和泰国国家人权委员会在乌隆他尼府政府办公室前抗议[7]。2003 年 4 月 28 日，来自乌隆他尼环境保护组织(Udon Thani Environmental Conservation Group)的约 800 名村民聚集在曼谷，向工业部表达他们的要求，当地居民诉说开矿潜在的环境和社会危害[3]。随后，工业部官员邀请了村领导和相关非政府组织进行谈判，就两点达成协议，即解决项目所有权问题及其环境影响评价。该部承诺组建一个特别委员会，审查 APPC 与政府签署的勘探合同的合法性[3]。

7.1.3　项目环境影响评价报告被重新评估

由于该项目的环境影响评价报告受到了严厉的批评，泰国自然资源与环境部于 2003 年成立了一个六人专家委员会(包括学者和官员)重新评估已经被批准的环评报告。2003 年 6 月 3 日得出结果，认为环评报告有 26 处缺陷。例如，没有关于钾盐废物堆积、矿物加工过程中所用化学物进入地下水和农用土地对人群健康影响的研究[7]。自然资源与环境部随后给工业部发函，明确不能给 APPC 发放开矿许可证[3]。此项目的环评机构虽然也试图澄清报告中的一些问题，但是公众(当地群众、学术机构、非政府组织和政府部门)并不接受。

公众对环境影响评价结果的不满意和对健康影响评价的诉求导致了健康影响评价的实施。

7.2　健康影响评价的实施

7.2.1　钾矿项目的健康影响评价研讨会

截止到 2003 年，泰国卫生体制研究所已经开展过健康影响评价的相关国际经验综述及预研究，并组织 6～7 个大学来自不同学科的多位专家形成了健康影响评价工作组[6]。对乌隆他尼府钾矿的健康影响评价萌芽于 2003 年 1 月 29 日曼谷朱拉隆功大学(Chulalongkorn University)举办的“乌隆他尼钾矿开采项目：问题和解决方案”研讨会。与会人员认为此项目会引起环境、卫生状况和社会方面的改变，并可能导致严重的人群健康问题，如压力增加、呼吸道疾病、泌尿系统感染和艾滋病等，但是环境影响评价并没有评估这些健康影响[6]。

随后，泰国卫生体制研究所的健康影响评价工作组于 2003 年 5 月 17 日至 18 日在乌隆他尼府举办了为期两天的“钾盐矿项目和泰国健康影响评价过程应用”研讨会。参会者 500 人左右，包括政府官员、村民、僧侣、APPC 的代表、卫生官员、学校老师和学生、专家、国家人权委员会代表和商业协会代表等[3]。会议内容包括：①健康影响评价工作组介绍健康影响评价的历史发展、概念、原理、程序和以前开展的健康影响评价的预研究。②松文钾矿项目进展及其对人群潜在的健康和社会影响[8]。在社会影响方面，围绕矿山项目的投资将引起乌隆他尼的社会经济变化，可能会影响就业、移民、住房、交通和旅游业的模式。潜在的健康影响包括与开矿相关的身心疾病，如呼吸系统疾病、压力增加、自杀、伤害、艾滋病等。另外，来自于生计丧失和环境恶化造成的健康影响也有待评估。③健康影响评价工作组提议了松文钾矿开采项目的健康影响评价模型[3](见图 7-2)，认为健康的影响因素包括收入和社会地位、就业和工

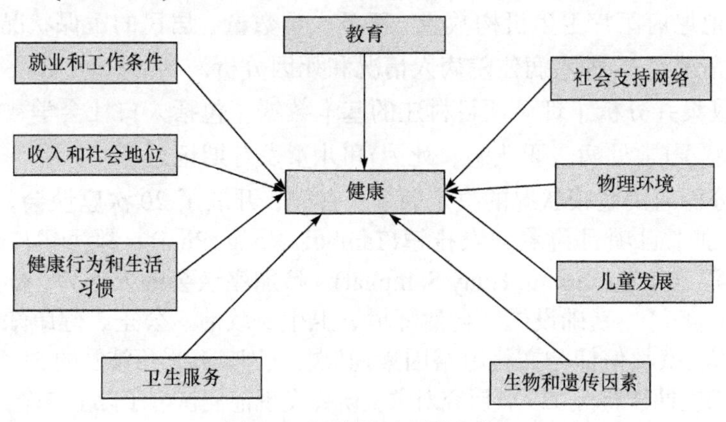

图 7-2　健康影响评价框架

作环境、社会支持网络、生物和遗传因素、健康行为和生活习惯、卫生服务等。④该项目的健康影响评价报告将提交给政府，作为项目是否开工的依据之一。

作为 2003 年 5 月研讨会的结果，泰国卫生部和卫生体制研究所共同资助了对松文钾矿的全面的健康影响评价[9]。评价于 2003 年 7 月开始，包括政府官员、村民、僧侣、APPC 的代表、卫生官员和专家等 2000 多人被邀请参与评价[6]。

7.2.2 评价方法[9]

松文钾矿项目的健康影响评价主要由卫生部卫生体制研究所完成。所用的研究方法既有定量方法也有定性方法，具体包括利益相关者分析、问卷调查、访谈、焦点小组座谈、头脑风暴等。

1. 利益相关者分析

利益相关者分析主要包括项目社区和附近区域的居民，另外还涉及政府部门(地方政府、基础工业与矿业部、公共卫生部、自然资源与生态环境部等)、企业和工业部门(商会、钾肥相关公司、建筑公司等)。时间跨度为项目展开之前、项目开展期间和项目结束之后的整个过程，同时结合直接和间接的受影响者的经济、社会、环境和身体四个维度。利益相关者分析的结果和参与健康影响评价的各方沟通，从而验证和确认所有利益相关者的全部信息。分析结果如图 7-3 所示。

2. 其他方法

除了利益相关者分析外，还采用了其他的定量和定性方法，具体如下。

(1) 收集并分析了乌隆他尼府的基本数据。例如：面积、位置、地理环境、气温、管理、交通、人口与种族、教育、卫生、宗教、习俗文化和经济状况等。

(2) 收集并分析了乌隆他尼府的居民健康信息(截至 2004 年 9 月 30 日)。包括乌隆他尼府医疗卫生机构数量、医务人员数量、居民的医保状况、常见疾病的门诊情况、25 种疾病住院病人情况和死因分析。

(3) 收集并分析了钾矿项目村庄的基本数据。包括人口社会学数据、水资源、健康状况(常见病、职业病、死因)和儿童发育期记录。

(4) 分析居民健康状况的决定因素。首先，开展了 20 次座谈会，包括 300 多人，分别来自项目覆盖的农排镇(Tambol Nong Phai)、那孟镇(Tambol Na Muang)、汇三帕镇(Tambol Huay Samphat)。参加座谈会的人认为，健康应该取决于社会、经济、基础设施、自然环境、卫生、政治、公正、健康知识和科技应用与研究、宗教信仰与文化习俗因素。其次，从钾矿开采所涉及的 51 个村 23509 名成员中随机抽样获得 439 名研究对象，研究发现他们认可了以上 9 个因素中的 6 个因素：经济、社会、卫生、政治、环境和个人因素。

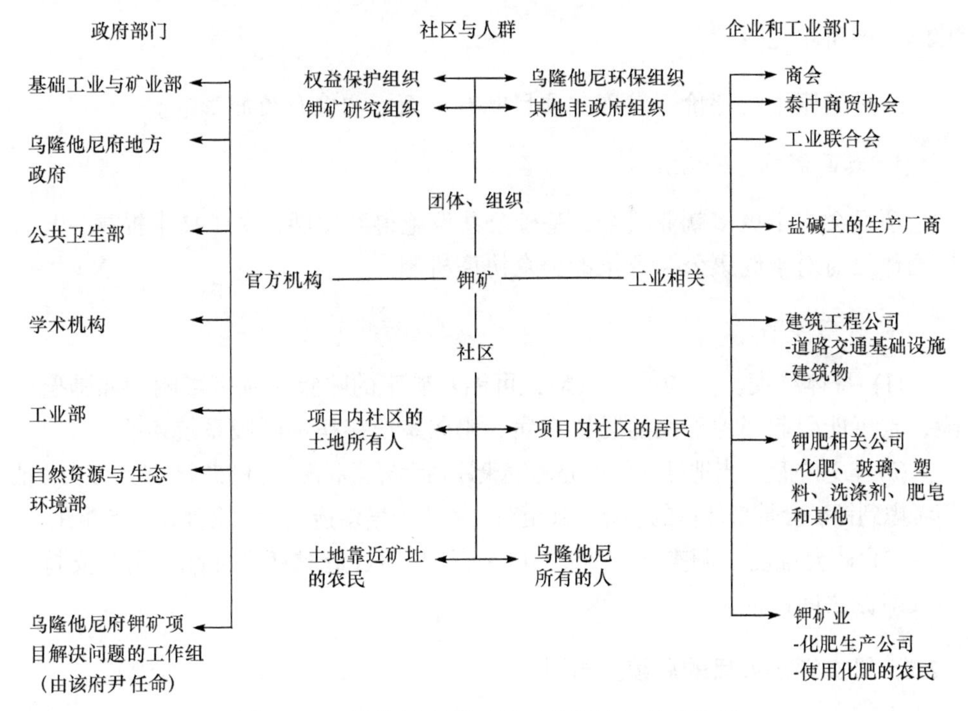

图 7-3　乌隆他尼府钾矿项目的利益相关者分析

7.2.3　钾矿项目的健康影响评价程序

健康影响评价参照加拿大健康影响评价手册，评价程序包括筛选、界定范围、评估、报告和监测等，见图 7-4 所示[9]。

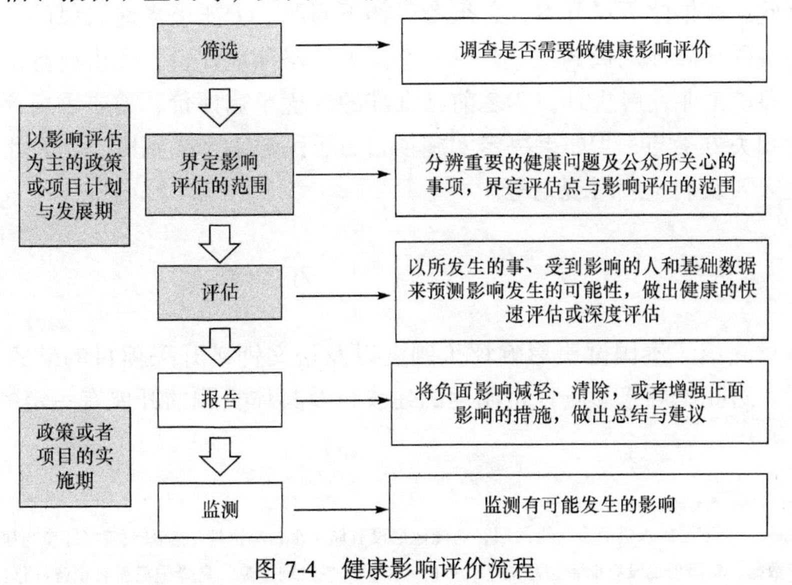

图 7-4　健康影响评价流程

7.2.4 评价结论[9]

通过健康影响评价，发现此项目既有正面影响也有负面影响。

1. 正面影响

项目会产生更多就业机会，基础公共设施得到发展，采矿技术提高，开启乌隆他尼府对于健康公共政策的公众协商机制。

2. 负面影响

(1) 身体维度。分为两种风险：可能对矿工的呼吸系统有影响，如肺癌风险；也可能引起当地居民的肠胃疾病、泌尿系统疾病和呼吸系统疾病。

(2) 心理维度。当地社区居民心理健康评估无异常状况，但75%有焦虑倾向。他们考虑到钾矿会带来环境的恶化，甚至对因陌生人增多造成的社会变化等产生焦虑。

(3) 社会维度。调查样本中的 43.5%称此项目造成社会混乱，引起支持派与反对派之间的冲突。

7.2.5 松文钾矿项目的后续进展[9]

松文钾矿项目在健康影响评价后被终止，原因包括：①此项目与泰国卫生体制改革理念、乌隆他尼府战略规划和第十个国家社会经济发展规划相悖；②项目基地在乌隆他尼府社区密度最大的地方；③项目会恶化社区人群的健康；④乌隆他尼府没有钾矿工业所带来的种种问题的应对措施①。

因此，如果此项目开发，必须考虑如下问题：①征求当地居民的意见，公众能够接受乌隆他尼成为工业地区；②开展战略环境评价，并让利益相关者知晓，做钾矿工业发展规划；③之前已批准的环境影响评价，需要重新评价，并请利益相关方参与；④如果决定实施项目，居民健康会受到影响，为此需要储备卫生人才及制定应对规划等。

7.3 启　示

本章介绍了泰国健康影响评价制度以及松文钾矿开采项目的健康影响评价过程，对我国健康影响评价制度的建设以及具体实践的开展有一定的启发。

---

① 如果土壤下层的水资源有污染的话，乌隆他尼没有储备水；乌隆他尼没有预备好环境与居民健康的相关监督数据；乌隆他尼没有储备医疗卫生人员的政策；如果发现裂隙，乌隆他尼没有预备好移民的措施。

7.3.1 强有力的立法保障

泰国将健康影响评价条款写进宪法，赋予了健康影响评价宪法的地位。由于发展阶段和国情不同，我国的健康影响评价立法可以从地区试点入手，把制定中国健康影响评价法作为远期最高目标，将其作为基本卫生法的配套程序法进行规范定位。

7.3.2 多方参与

泰国在开展健康影响评价时，鼓励研究机构、企业、非政府组织和公众等参与到健康影响评价整个过程中，成为解决矛盾冲突的有效途径。我国的健康影响评价需要注意建构政府层面的卫生主管部门与生态环境、农业农村、工信等部门的多部门联动机制，以及社会层面上如研究机构、非政府组织和民众的广泛参与机制，鼓励多主体参与健康影响评价，发挥社会监督的重要职能。

7.3.3 基础数据库和信息系统的建设

从 2003 年起泰国卫生体制研究所开始着力加强基础信息体系的建设，以减少在健康影响评价实施中的费用和时间消耗[1]。目前国内的健康危险因素监测较为局限，尤其是在经济不发达地区。但是随着全面网络化的大数据时代的到来，大面积大体量的健康危险因素监测成为可能。

参 考 文 献

[1] Phoolcharoen W, Sukkumnoed D, Kessomboon P. Development of health impact assessment in Thailand: Recent experiences and challenges. Bulletin of the World Health Organization, 2003, 81(6): 465-467.

[2] Kanchanachitra C, Podhisita C, Archavanichkul K, et al. Thai health 2011: HIA: A mechanism for healthy public policy. Nakhon Pathom: Institute for Population and Social Research, Mahidol University, 2010.

[3] Kessomboon N, Kessomboon P, Pengkum S, et al. Roles of health impact assessment and potash mining project, Thailand. The 24th Annual Conference of the International Association for Impact Assessment, Vancouver, Canada, 2004.

[4] The U.S. Geological Survey. 2010 Minerals Yearbook. Washington, DC: U.S. Government Publishing Office, 2012.

[5] Asia Pacific Potash Corporation Limited. History of project. http://www.appc.co.th/en/project_background. html[2018-2-1].

[6] Pengkam S, Jinvong A, Chairak B, et al. Local empowerment through health impact assessment: Case study of potash mining project at Udon Thani province, Thailand. Ecoculture Newsletter, 2006, 2(10): 1-9.

[7] McCaslin P. Somboon mining project: A failure of democracy in Thailand. London: Business and Human Rights Resource Centre, 2005.
[8] Siriwatanapaiboon S, Pengkum S. A proceeding of the seminar "potash mining project and the application of health impact assessment process in Thailand". Udon Thani, 2003.
[9] Pengkam S, Chaiyarak B, Jinwong A, et al. Health impact assessment of potash mining project at Udon Thani province (In Thai). Nonthaburi: Health Systems Research Institute, Thailand, 2006.

第 8 章　英国利物浦房屋出租许可证制度的健康影响评价

本部分以英国利物浦房屋许可证制度中的健康影响评价为例，介绍政策制定中如何实施健康影响评价，希望对我国政策领域的健康影响评价有所启示。

8.1　英国对政策的健康影响评价现状

从现有国际上的健康影响评价指南和实施案例来看，大多在政策实施前就开展健康影响评价，这样可以更好地保护将来潜在受影响人群的健康[1-3]。

英国 2010 年发布了政策的健康影响评价指南[4]，包括五个步骤：筛选、识别健康影响、确定重要的健康影响、量化并描述关键健康影响、提出政策改进和监测建议。具体操作步骤见图 8-1。

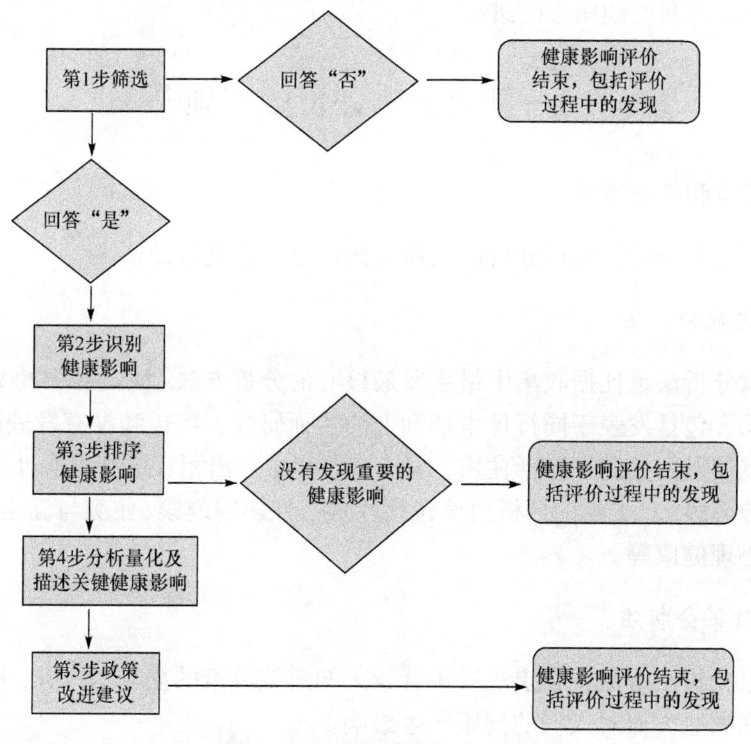

图 8-1　政策健康影响评价 5 步法

8.2 英国利物浦房屋出租许可证制度出台背景

2004 年，英国颁布了《住宅法》(The Housing Act)，规定私人出租房屋需在当地房产管理局办理房屋租赁许可证。这一规定的主要目的是减少住房需求率较低地区低质量出租房屋和承租人的反社会行为对社会的影响，因为如果某地方住房需求率低，则会导致房屋闲置、房价下跌和居民生活质量下降等社会问题。利物浦市存在上述问题，同时该市的私人房屋租赁在不断增加，由 2001 年的 23243 户增加到 2011 年的 48290 户，政府也在不断扩大公共租赁房屋的比例。2013 年，利物浦市房屋管理局着手制定《利物浦市房屋出租许可证制度》(Liverpool Selective Landlord Licensing Scheme)。这一制度一方面响应了 2004 年的《住宅法》，另一方面也期望通过与私营租赁行业、承租人一起共同努力确保房屋租赁市场的质量。为了给该项制度的实施提供系统而强有力的支撑，市政厅房屋项目许可办公室(Liverpool City Council Housing Project Officer Licensing)与健康影响评价小组共同对该制度在实施过程中可能对该地区人群产生有利或不利的健康影响进行了评价[1]。

8.3 健康影响评价的实施[1]

8.3.1 评价和分析方法

采用文献分析、政策分析以及地方概览分析法进行评估。

1. 文献分析法

文献分析法是证据收集中最主要最核心的分析方法。该案例中的文献来源渠道多元，包括发表于同行评审期刊上的实证研究、综述和没有发表的文献。搜索文献使用的关键词包括住房、所有权、房主、出租、福利与益处、环境建设和精神健康。对文献的分析角度包括住房条件影响健康、住房与健康不平等、住房与心理健康等。

2. 政策分析法

政策分析法有助于在宏观政策背景下知道该政策的立场与位置，从而判断出政策在哪些方面对人们的健康产生影响。

利物浦房屋出租许可证制度的健康影响评价中，使用政策分析法收集与分析了从 2001 年至 2011 年以来 10 年间国家层面和地区层面与政策有关的法案(如 2004 年英国卫生部发布的《健康白皮书》、2009 年利物浦市政厅出台的《利物浦 2024—社区可持续战略》、2011 年英国卫生部发布的《英国国民健康保险白皮书》等)，以及 1986 年世界卫生组织关于健康促进的规定。

3. 地方概览分析法

地方概览分析法对利物浦地区现有人口及其社会状况进行分析，主要使用 2010 年和 2012 年利物浦联合战略需求评估数据(Liverpool joint strategic needs assessment)、利物浦近年其他的健康影响评价数据，以及利物浦年度监管报告数据(Liverpool annual monitoring report)。这些数据主要涉及：①利物浦地区多维剥夺指数(index of multiple deprivation, IMD，综合了经济、社会和住房因素)在整个英国处于最高[5]。②利物浦地区人口数据[6]。利物浦 2012 年的人口总数为 445800，期望到 2033 年的时候人口总数增加到 465600，期望增长率为 4.4%；就年龄层而言，城市人口中 20～29 岁这一年龄段人口增长较快，0～4 岁年龄段也呈增长趋势，但 5～14 岁年龄段呈下降区势，在接下来的 20 年中，65 岁以上老人将会增加 1/3；就人口结构而言，利物浦有少量的非裔和少数民族(black and minority ethnic)人口呈增长趋势，占到了利物浦总人口的 9%；2011 年和 2012 年，大约有 13226 人得到市政厅的社会优抚，这其中多数是残疾人员和 65 岁以上的老人，还有部分心理疾病患者，以及少部分青壮年。③利物浦住房数据。在利物浦约有 77.9%的居民居住在排屋(house)里，19.9%的居民居住在公寓里，另外 2.4%的居民居住在平房里；房屋的舒适性以及能源的高效性都在提高，约有 23.4%的人愿意从私营租赁企业手中租房；约有 42.8%的人住房条件不符合政府规定的舒适住房；约 2000 名出租人在房产部门进行了出租许可登记。④犯罪与反社会行为数据[7]。这些数据主要涉及家庭暴力、青少年犯罪、问题家庭、反社会行为、酗酒、吸毒。⑤其他与社会经济相关的数据[6]。这些数据主要涉及失业率、无家可归者、贫困儿童、孕妇吸烟、母乳喂养、儿童体重、教育程度、未成年人怀孕、癌症、吸烟率、肥胖、酗酒、精神健康和福利改革。

8.3.2 健康影响评价程序

此次评估工作的流程是筛选、界定范围、评估、分析、结论与建议，与典型的评估过程相比，此项评估少了最终的监控环节。

1. 筛选

利用利物浦筛选工具(Liverpool screening tool)确定健康影响评价是否需要进行以及采取什么方式进行。筛选工作由利物浦大学健康评估小组的研究者和房屋项目许可办公室工作人员组成项目评估团队进行筛选工作。筛选工作分为三个阶段，第一阶段主要在于了解政策的基本情况(是否新政策、政策提案部门、负责机构、是否有法律效力、政策提案所处阶段和政策实施范围)；第二阶段通过回答 5 个问题来决定健康影响评价是否需要进行(是否对人群健康产生有利或不利影响、是否会影响某一类人群、是否可以避免某些不利影响等)；第三阶段主要是为后面一个环节“界定范围”打下基础，形成初步的健康影响评价计划。

通过筛选这一步骤，识别出的健康影响包括：体面的居住条件、承租者的信心提升、改善的社区环境、增加的租金和无家可归的可能性[1]。

2. 界定范围

健康影响评价范围界定依赖于健康影响评价的目的。此健康影响评价的根本目的在于识别房屋租赁许可证政策在实施过程中对人群健康的有利和不利影响，为政策制定提供较为全面的建议。具体的详细目标包括：①收集整理并评估相关文献；②识别出政策实施过程中的目标人群或者弱势人群；③开展简短的政策分析；④识别、评估和分析健康影响；⑤提出建议；⑥开展健康影响评价的过程评估。

3. 确定健康影响

通过文献分析、政策分析以及地方概览分析法确定较差的住房条件导致的潜在健康影响。

4. 量化及描述关键健康影响

对确定的健康影响进一步采取主题分析法(theme analysis)，划分为一般健康影响和关键健康影响。发现对健康产生重要影响的是生活质量、社会隔离以及精神健康。

8.3.3 健康影响评价结论

1. 正面影响

通过上述的健康影响评价，总体认为利物浦房屋出租许可证制度的实施对公众健康是有利的，使承租人拥有体面的居住条件、良好的居住环境和和谐的邻里关系。

2. 负面影响

政策实施可能会改善居住环境、提高人群健康水平，但是由于私人租赁业本身的复杂性，政策的实施也存在着不利影响：①对于拥有多套房产的出租人来说，可能要缴纳较多的许可证费用，这样就会导致更多的房屋闲置，影响整个房屋租赁市场；②对守法出租人的伤害，因为有一些出租房屋者拒不上报，从而不缴纳许可证费用。

评价团队同时提出以下建议：①建立沟通机制与媒体战略，将重点放在健康社会决定因素上；②建立承租者网络(tenants network)；③建立出租者网络(landlords network)；④开发政策评估工具，能够更好地评估与政策有关的所有因素。

8.3.4 利物浦房屋出租许可证制度的后续进展

利物浦房屋出租许可证制度已于 2015 年 4 月 1 日正式实施，为期 5 年，强制所有的私人房屋出租者必须为每个出租房屋取得许可证[8]。截至 2019 年 3 月，利物浦房屋项目许可办公室工作人员已发放超过 48500 张许可证。而针对没有许可证出租房屋的违法行为，发出了两千多张执法单[8]。经内阁批准，此制度自 2020 年 4 月 1 日起延期 5 年[9]。

8.4 启示与建议

目前，健康影响评价在我国还处于起步阶段，英国利物浦健康影响评价在政策提案中的运用为我们提供了借鉴和启示。

8.4.1 政府主导

从利物浦房屋出租许可证制度的健康影响评价经验可知，政府在健康影响评价过程中的作用不可忽视。就我国而言，政府在健康影响评价过程中起着主导作用。《“健康中国 2030”规划纲要》的第七篇“健全支撑与保障”的第二十一章第一节明确提出“全面建立健康影响评价评估制度，系统评估各项经济社会发展规划和政策、重大工程项目对健康的影响，健全监督机制。”要想全面落实《“健康中国 2030”规划纲要》中有关健康影响评价评估制度的规定，离不开政府的主导作用。同时，健康影响评价也是一项需要多部门联动方可完成的系统工作，涉及多种产业和多个领域，部门协调是健康影响评价的难点之一，更离不开政府在这个过程中的主导作用。

8.4.2 规范的评价程序和工具

从英国利物浦健康影响评价的运行程序和机制来看，制定一套规范的健康评价程序和工具至关重要。对政策健康影响评价的最终目的在于影响最后的政策决策，发现并改善政策对潜在健康的影响。因此我国政策制定部门应在政府的主导下，联合公共卫生部门设计一套规范的健康影响评价程序和工具，使决策者、执行者、相关领域专家以及公众都参与到健康影响评价过程中来，以确保健康影响评价的实用性与科学性。

8.4.3 全面的评价指标

英国利物浦在健康影响评价过程中，制定了较为全面的评价指标，不仅有生理健康上的指标，而且有心理健康上的指标，指标涉及的范围广。健康影响评价的核心之一在于评价指标体系的制定，因此，我国在政策制定过程中引入健康影响评价时，也需要明确一系列的评价指标来确定政策方案在实施中对人群健康产生的有利或不利影响、影响的强度以及影响的人群。这需要公共卫生部门、政策制定部门及有关专业人员共同努力，在借鉴国外经验的基础上，探索与挖掘政策实施与健康影响的相互联系和相互影响的证据。建议在政府的主导下，政策制定部门会同公共卫生部门制定适合我国国情的健康影响评价指标体系，使指标体系在后期的实践中更有效地反映政策的潜在健康影响。

8.4.4 公众参与

英国利物浦健康影响评价中方法的运用主要以定性方法收集资料并采用主题分析法对资料进行分析。这种方法有助于资料的收集和分析，但是，缺乏客观依据，公众的参与度不够，不利于对居民健康需求的了解。因此，我国在健康影响评价方法的借鉴上，应该吸取英国利物浦案例研究方法上的局限性，在具体实践中，需要通过调查与走访了解公众的健康需求，增加公众的参与度，确实依靠科学的分析方法确定政策对民众健康的有利或不利影响。

8.4.5 第三方评估机构

英国利物浦健康影响评价的实施由不同性质的机构共同组成评估小组，其评估小组中有专门的第三方健康影响评价机构。我国也可以借鉴利物浦在这方面的经验，成立专门的第三方评估机构，实行“管理+职能”的评价模式，开展评价工作，这样可以确保评价工作实施的公正性。

参 考 文 献

[1] Grinnell S. Prospective Desk-Top Health Impact Assessment of the Liverpool Selective Landlord Licensing Scheme. Liverpool: University of Liverpool, 2014.

[2] Ross C L, Orenstein M, Botchwey N. Health Impact Assessment in the United States. New York: Springer Science & Business Media, 2014.

[3] Harris P, Spickett J. Health impact assessment in Australia: A review and directions for progress. Environmental Impact Assessment Review, 2011, 31(4): 425-432.

[4] Herriott N, Williams C. Health impact assessment of government policy: A guide to carrying out a health impact assessment of new policy as part of the impact assessment process. London: Department of Health, UK, 2010.

[5] Liverpool Primary Care Trust. Annual report of the joint director of public health 2011-2012. Liverpool: Liverpool Primary Care Trust, 2012.

[6] Joint strategic needs assessment (JSNA): Statement of need 2011. Liverpool: Joint Health Unit (Liverpool City Council/Liverpool Primary Care Trust), 2012.

[7] Liverpool City Council. Citysafe's annual plan, 2013-2014. Liverpool: Liverpool City Council, 2013.

[8] Consultation launched on new landlord licensing scheme. https://liverpoolexpress.co.uk/consultation-launched-on-new-landlord-licensing-scheme/[2019-5-1].

[9] Designation of Liverpool City Council area for selective landlord licensing for a further 5 years (H/2). http://councillors.liverpool.gov.uk/mgAi.aspx? ID=137556#mgDocuments[2019-7-28].

第9章　英国威尔士 Nant-y-Gwyddon(NYG) 填埋场的健康影响评价

9.1　背　　景

Nant-y-Gwyddon(NYG)填埋场在英国南威尔士的 Rhondda Cynon Taff 县，由 Amgen Rhondda 公司开发，于 1988 年开业，占地 24 公顷，方圆 3 公里的范围有 2 万人。填埋内容包括生活、商业和工业垃圾。截至 1996 年一共填埋 85 万立方米垃圾[1]。

1996 年填埋场遭到附近的居民投诉，居民担心异味会导致相关症状和疾病，包括压力、疲劳、头疼、眼睛感染或者刺激、咳嗽、流鼻涕、咽干、恶心、肉状瘤病、哮喘、腹裂畸形和自发性流产[1,2]。

9.2　健康影响评价的实施

9.2.1　评价机构

威尔士国民议会要求独立调查机构利用已有的研究，开展公众听证会，给出建议。威尔士议会政府责成威尔士健康中心联合美国有毒物质和疾病登记机构(Agency for Toxic Substances and Disease Registry, ATSDR)评估独立调查机构的建议[3]。

9.2.2　评价方法、内容和数据来源[3]

1. 定性方法

梳理和总结当地居民对地方环境部门提出的正式投诉，访谈了当地居民。通过多人访谈、特殊人群访谈和一对一访谈，社区居民讨论了他们的顾虑，和 ATSDR 评价团队进行了充分沟通。

2. 定量方法

流行病学研究比较了 NYG 填埋场方圆 2.5 公里的 5 个选区(离填埋区 3 公里范围内)和距离填埋场较远的 22 个选区人群的健康状况，包括全死因死亡率、呼吸道疾病死亡率、癌症死亡率、非霍奇金淋巴瘤(non-Hodgkin's lymphoma，NHL)发病率、肉状瘤病发病率，以及生殖系统疾病包括自发性流产、低出生体重、先天性畸形和较长的孕期。

住院数据用来评估一般健康状况、呼吸系统疾病、哮喘和癌症。处方数据用来评估呼吸和中枢神经系统、皮肤和眼睛疾病。

以上所有数据包括最新可用的数据及回溯到 1981 年(填埋场开业前 7 年)的历史数据(见表 9-1)。

表 9-1　数据来源[1]

内容	日期	来源
先天畸形	1983～1996 年	国家统计办公室
Townsend 分数	1991 年	当地卫生部门的普查数据
总出生人数	1988～1996 年	当地卫生部门的普查数据
低出生体重人数	1988～1996 年	当地卫生部门的出生数据
先天畸形	1997 年	当地卫生部门的出生数据
总出生人数	1983～1987 年	卫生统计部门
全死因人数	1981～1995 年	卫生统计部门
呼吸道疾病死亡人数	1981～1995 年	威尔士健康服务机构的死亡数据
肿瘤	1981～1995 年	威尔士健康服务机构的死亡数据
住院人数	1991～1997 年	威尔士病人住院数据
人工流产	1992～1996 年	国家统计办公室

另外，评价团队对 NYG 填埋场开展了大气监测(air monitoring)。填埋场气体一般包括甲烷、二氧化碳、H_2S、硫醇、非甲烷有机化合物等。

9.2.3　评价结果[3]

基于居民对于 NYG 填埋场的异味和地表水流出(很显然大气和地表水代表了典型的暴露途径)的投诉，通过大气监测、数据模型、公众投诉均显示填埋场气体浓度增高是暂时的，持续几个小时到几天。有几项研究监测了 NYG 填埋场气体的成分，发现除了 H_2S 浓度稍高些外，其他气体浓度和一般填埋场无差异。基于现有的材料和 NYG 填埋场的操作程序，当前对于填埋场气体的处理和监测看起来是保护公众健康的。

在和 ATSDR 的访谈中，当地居民抱怨有长期的、变色的、有异味的浸出液。有研究已经评估了地表水和填埋场浸出液，显示对于公众健康没有造成危害，ATSDR 认为这些研究是可信的、充分的。已有的数据显示暴露于污染的土壤或者沉积物对于公众健康也没有造成危害，也得到了 ATSDR 认可。

尽管当地居民报告了一些症状和疾病，但是流行病学证据并不支持 NYG 填埋场和全死因死亡率、特定原因的死亡率、癌症发病率或者生殖系统疾病之间的关系。

9.2.4 结论和建议

ATSDR 的健康影响评价认为 NYG 填埋场与人群健康风险之前无明确因果关系。尽管政府已经做了评估，但是当地居民依然很担心 NYG 填埋场存在公共健康风险，并且不相信提供给他们的信息。ATSDR 认为目前围绕 NYG 填埋场的争议是因为缺乏充分的、整合的公共健康评价，此评价应该融合居民对健康的担忧、对环境和健康数据的整合评估、让当地居民参与并与其沟通充分的策略和能够给出行动建议的结论[3]。

NYG 填埋场的健康影响评价结束后，ATSDR 建议：①评估目前的大气数据模型是否足以评价填埋场气体的最大历史浓度和暴露时间；②目前填埋场大气监测项目的功能整合，如同时评估其他的大气污染物；③在新成立的独立的地方健康委员会(Local Health Board)中纳入当地居民和环境专家，未来的威尔士环境健康调查应该由环境和健康专家组成，采用基于社区关注问题和环境、健康数据的评估方案；④信任危机应该通过公众的充分参与和双向沟通来解决[3]。

9.2.5 NYG 填埋场的后续进展

NYG 填埋场目前仍在运行。威尔士政府对 NYG 填埋场的健康影响也在持续评价和监测，如对霍金斯淋巴癌的发病率开展持续监测[4-6]。

9.3 启　　示

9.3.1 公众参与

本案例中的评价结果没有与填埋场附近居民充分地沟通，导致了信任危机。健康影响评价的价值之一是“民主”，强调公众参与提案(政策、规划和项目)的形成和决议的权利。为了凸显这一价值，健康影响评价方法应使公众充分参与，从而影响决策者的决议[7]。

9.3.2 基础数据的积累

回顾性的健康影响评价较多依赖于基础数据的支持。只有对评价所需的数据信息进行及时充分的收集和整理，事后评价才能既全面又准确。

参考文献

[1] Fielder H M P, Poon-King C M, Palmer S R, et al. Assessment of impact on health of residents living near the Nant-y-Gwyddon landfill site: Retrospective analysis. British Medical Journal, 2000, 320(7226): 19-23.

[2] BBC news. Living in the shadow of a landfill. http://news.bbc.co.uk/2/hi/uk_news/wales/1494963.stm [2017-11-21].

[3] Public health investigations at the Nant-y-Gwyddon landfill site, Rhondda Cynon Taf, Wales: An evaluation of the environmental health assessment process. Washington, DC: Agency for Toxic Substances and Disease Registry, United States Department of Health and Human Services, 2002.

[4] Steward J, Wright M, White C, et al. Public concerns regarding the effect of Nant-y-Gwyddon landfill site (NYG) on the incidence of non-Hodgkin's lymphoma (NHL) in the South Wales Rhondda Valley. Cardiff: Welsh Cancer Intelligence & Surveillance Unit, UK, 2002.

[5] Ongoing surveillance of non-Hodgkin's lymphoma. Cardiff: Welsh Cancer Intelligence & Surveillance Unit, UK, 2005.

[6] Ongoing surveillance of non-Hodgkin's lymphoma around Nant-y-Gwyddon landfill site. Cardiff: Welsh Cancer Intelligence & Surveillance Unit, UK, 2012.

[7] World Health Organization. Examples of HIA. http://www.who.int/hia/examples/en/ [2017-10-23].

第五部分　健康影响评价制度的总体制度框架设计

第 10 章　中国健康影响评价制度的总体设计

10.1　构 成 要 素

健康影响评价制度的构成要素有三，即法律、政策与技术。与这三个要素相对应的制度组构分别是评价的法律规范、评价的行动指南和评价的技术规准。

10.2　立 法 保 障

当前，我国正处于重要的战略机遇期，中国产业未来在国际上的竞争力应立足于绿色化、循环经济和低排放。我们需借鉴我国环境影响评价、职业病危害评价以及国际健康影响评价等的经验，按照国际经验并结合中国的国情，采取在国家可持续发展议程创新示范区做健康影响评价立法试点，或选取对人群健康影响明显的重点行业，或重大影响(已经发生重大危害或者已经发生群体社会事件)的项目、规划政策，开展健康影响评价。把开展健康影响评价作为政策、规划出台的前提依据和重大建设项目立项批准的基础，甚至可以一票否决。

10.2.1　推动健康影响评价的地方立法

因为我国部门设置条块分隔问题，中央政府领导下的地方、行业或区域试点在地方层面很多部门没有立法的动力和权力。国家可持续发展示范区的建立为健康影响评价的地方立法提供了契机。国务院于 2016 年 12 月印发了《中国落实 2030 年可持续发展议程创新示范区建设方案》，拟在“十三五”期间，创建 10 个左右国家可持续发展议程创新示范区。2018 年 2 月国务院批复同意了深圳、太原、桂林三个城市创建国家可持续发展议程创新示范区，深圳市同时提出了“健康深圳建设”工程。可持续发展议程创新示范区的建设将在新发展理念的指导下，推行政策先行先试、体制机制创新等。示范区可以行政法规的形式制定本区在项目、规划或政策实施中要进行健康影响评价的条款，同时由地方疾病预防控制中心牵头制定技术规范，并建立健康影响评价专家库。在条件成熟后向更大范围甚至全国推广。

10.2.2　健康影响明显的重点行业，或者重大影响的项目、规划或政策的健康影响评价立法

选取一些对人群健康影响明显的重点行业如火电、钢铁等先做起。对于评估的行业，需分步实施，不能全面推开。

另外，对于已经发生健康异常的地区，已经发生重大危害的项目、规划或者政策进行事后健康影响评价。

对于已经发生群体社会事件的项目、规划或者政策进行前瞻性健康影响评价。

10.2.3　制定统一的中国健康影响评价法典

可以把制定中国健康影响评价法作为远期最高目标，并将其作为基本卫生法的配套程序法进行规范定位和机能处置。

10.3　政 策 框 架

10.3.1　组织保障

健康影响评价是一项需要多部门联动方可完成的系统性工作，它涉及农业、工业、旅游业等多种产业，交通、水利、环境等多个领域，卫生行政部门需要在评价内容和结果的利用方面同其他部门协调。同时建立健康影响评价的终生问责制，对不做健康影响评价而导致重大影响的责任人和健康影响评价造假的责任人，要追究责任。

10.3.2　实施范围

1. 地域范围：可持续示范区先行试点

建设国家可持续发展议程创新示范区是党中央、国务院为落实联合国2030年可持续发展议程做出的明确部署。示范区的选择包括了城市发展模式与环境承载力矛盾显著的区域、超大型城市等。应抓住机遇，率先在这些示范区推进地方性健康影响评价立法，不但切实可行，而且具有示范意义。

2. 产业范围：约束条件泛化，关键领域先行试点

在“健康融入所有政策”的号召下，健康影响评价将成为一种泛化的产业约束条件，项目论证者和产业管理者还应当向审批人、监督者提供完备的健康影响评价方案、危机干预计划等，如此方可走完产业构想转化的先置流程。

很显然，这种“正当化承诺”对健康敏感性较强的诸多产业设置了高压限制甚至造成了“毁灭性打击”，主要包括火电、钢铁、水泥、电解铝、煤炭、冶金、化工、石化、建材、造纸、酿造、制药、发酵、纺织、制革和采矿业等①，由此会倒逼上述产业走入转型之路、并重环境效益，正是实施健康影响评价工作的根本目的所在。当然，健康影响评价效果的落实并不可能“一蹴而就”，在我国目前的经济发展条件和产业结构背景下，健康影响评价“入万业”的现实条件仍未具备，仓促要求对接国际评价标准、死板地执行“一票否决”机制，可能导致某些支柱性经济产业的坏死，使局部经济发展陷入停滞，甚至动摇经济发展全盘的稳定性。因此，应当在充分把握产业经济发展与环境健康保护需求不平衡性的基础上，根据健康保护诉求的强弱缓急依次展开。

10.3.3　利益相关者

1. 管理者与具体执行机构

管理者应当以卫生行政部门为中心，适时可由生态环境部门、农村农业部门等辅助协调。

至于评价的具体执行，可依据“管理+职能”的考评模式展开。例如，要考察某水利水电工程的健康影响，则应由国家卫生健康委员会协同水利部牵头、生态环境部辅助，联合该项目工程所在地的环保、水利行政部门，开展评价工作。

2. 产业运营者

健康影响评价的核心利益相关者应为产业项目申请人或运营者，健康影响评价结果与其所申请的项目能否获批、所经营的产业能否维续直接相关。之所以在此处将其列出，是因为我们应给予其商业自由以充分的制度保障空间。也即，应完善利益相关者对健康影响评价结果的申诉、听证、复议制度，充分保护其异议权、申请权和经营权。

---

① 由于环境治理政策的深入推进，这些产业的曝光度较高、舆论敏感性较强，更容易吸引决策者和政策执行者的注意。

此外，应注意接收其他利益相关者(如申报者或经营者的同行、产业覆盖区域内的居民等)的举报、信访消息，做到有报必查、有疑必究，并将查访、复检结果同政府、事业单位工作绩效考评结合起来，甚至可引入“一票否决”机制。

3. 监督者：政府绩效与公众参与

若要将健康影响评价工作的监督工作落到实处，需要内外兼修、两手并重。从内部看，应当将行政机关、事业单位及二者工作人员的绩效考核同健康影响复检、抽检结果挂钩。若复检、抽检结果同原始评价结果差异较大，则需要进入纪检监察程序和审计程序，详细究察是否存在贪污腐败和违法犯罪等事项，并将责任落实到个人，由司法程序妥善处置；若纯粹因技术失误，则可将制裁措施体现在政府的绩效考核过程中，如单位负责人的职业生涯限制、单位的财政拨款规模限制、单位及相关个人的绩效荣誉限制等。甚至，可将某些严重的异质化情形归入“一票否决”的范畴，如一旦出现该情形，相关管理和执行单位在若干年内均不可参评先进集体荣誉等类似的规定。

公众参与健康影响评价，可以发挥社会监督的重要职能。公众参与应贯穿于健康影响评价工作的全过程中，而且要充分注意参与公众的广泛性和代表性，参与对象应包括可能受到直接影响和间接影响的有关企事业单位、社会团体、非政府组织、居民、专家和公众等。具体参与形式包括问卷调查、座谈会、论证会等，项目/规划/政策概况、预计的健康影响和后果等都需要告知公众，并最终将反馈意见进行统计分析，对每一类意见反馈均应认真分析、回答采纳或说明理由不采纳。

10.4 技术框架

10.4.1 评价介入时间和评价深度

评价时间，既包括预防性的事前评价，也包括在健康危害发生后的事后评估。在开展事前健康影响评价时，可以借鉴职业病危害预评价的方法和流程，在建设项目可行性论证阶段、政策和规范未正式执行前开展评价，实现从源头上控制污染源对人体造成的危害。

评价深度是根据评估性质、数据支持、评估花费时间和经费，分为面上、快速和深度评价。

10.4.2　评价程序

评价程序包括筛查、界定范围、评估、报告并提出建议、监测实际影响(见图 10-1)。相关的参与主体包括政府部门、卫生主管部门、主要利益相关者、健康影响评价专业团队，以及其他相关政府部门。如果是在环境影响评价中开展健康影响评价，则需要协调介入时间及不同部门的关系。

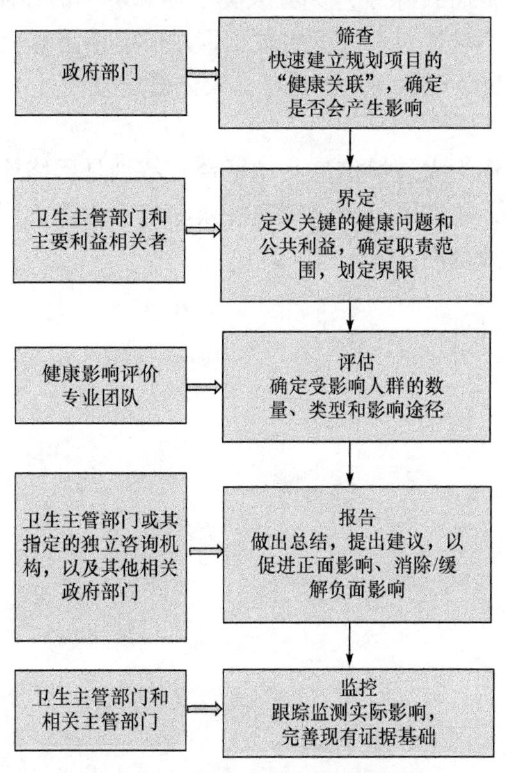

图 10-1　评价程序与相关负责主体

10.4.3　评价技术指南

在《环境污染健康影响评价规范(征求意见稿)》和《环境影响评价技术导则人体健康》(征求意见稿)的基础上，组织卫生、环境等领域的专家，在现有技术水平上，制定健康影响评价指南。同时科学、合理地建立评价指标体系。

10.4.4　基础数据支持

目前国内的健康危险因素监测较为局限，尤其是在经济不发达地区。但是随着全面网络化的大数据时代的到来，大面积大体量的健康危险因素监测成为可能。大数据是数字化生产时代的新型战略资源，不仅对国家治理和社会发展作用巨大，并且随着大数据技术及其信息技术应用的不断成熟，为健康影响评价的基础监测提供了有力的技术支撑。

近年来，我国在与健康相关的大数据平台建设方面做了大量的工作，一些可以作为健康影响评价的基础数据，例如，建立了国家人口健康科学数据中心(http://www.ncmi.cn)。国家支持的科技基础性工作专项《中国各民族体质人类学表型特征调查》项目，系统地刻画人类个体和群体的体质人类学表型特征，可以获取国人体质信息资料和表型组数据，并采集相应的遗传资源样本，建立共享数据库和样本库，可以为生物医学、人体健康方面评价等相关应用领域提供基础数据支撑。

同时，互联网作为大规模信息互动平台，特别是网络论坛、博客、微博、微信等新媒体平台，拓宽了社会组织和民众参与健康影响评价的方式和途径，使健康影响评价更为全面。